Matemática para Institutos Federais, Universidades e Concursos: Questões de Concursos, Vol. 1

Análise Combinatória e Probabilidade

Conselho Editorial da LF Editorial

Amílcar Pinto Martins - Universidade Aberta de Portugal

Arthur Belford Powell - Rutgers University, Newark, USA

Carlos Aldemir Farias da Silva - Universidade Federal do Pará

Emmánuel Lizcano Fernandes - UNED, Madri

Iran Abreu Mendes - Universidade Federal do Pará

José D'Assunção Barros - Universidade Federal Rural do Rio de Janeiro

Luis Radford - Universidade Laurentienne, Canadá

Manoel de Campos Almeida - Pontifícia Universidade Católica do Paraná

Maria Aparecida Viggiani Bicudo - Universidade Estadual Paulista - UNESP/Rio Claro

Maria da Conceição Xavier de Almeida - Universidade Federal do Rio Grande do Norte

Maria do Socorro de Sousa - Universidade Federal do Ceará

Maria Luisa Oliveras - Universidade de Granada, Espanha

Maria Marly de Oliveira - Universidade Federal Rural de Pernambuco

Raquel Gonçalves-Maia - Universidade de Lisboa

Teresa Vergani - Universidade Aberta de Portugal

Antônio Nunes de Oliveira
Marcos Cirineu Aguiar Siqueira
Luiz Maggi
José Wally Mendonça Menezes

Matemática para Institutos Federais, Universidades e Concursos: Questões de Concursos, Vol. 1

Análise Combinatória e Probabilidade

Editora Livraria da Física
São Paulo — 2024

Copyright © 2024 Editora Livraria da Física

1a. Edição

Editor: Victor Pereira Marinho & José Roberto Marinho
Projeto gráfico e diagramação: Thiago Augusto Silva Dourado
Capa: Fabrício Ribeiro
Revisão ortográfica e gramatical: Prof. Dr. Everton Alencar.
Professor Adjunto de Latim da Universidade Estadual do Ceará

Texto em conformidade com as novas regras ortográficas do Acordo da Língua Portuguesa.

Dados Internacionais de Catalogação na Publicação (CIP)
(Câmara Brasileira do Livro, SP, Brasil)

Oliveira, Antônio Nunes de

Matemática para Institutos Federais, Universidades e concursos : questões de concursos : vol. 1 : análise combinatória e probabilidade / Antônio Nunes de Oliveira, Marcos Cirineu Aguiar Siqueira, Luiz Maggi. -- São Paulo : LF Editorial, 2024.

Bibliografia.
ISBN 978-65-5563-499-0

1. Análise combinatória - Problemas, exercícios etc. 2. Concursos públicos - Guias de estudo 3. Matemática (Atividades e exercícios) 4. Matemática - Concursos públicos 5. Probabilidades - Problemas, exercícios etc. 6. Vestibulares I. Siqueira, Marcos Cirineu Aguiar. II. Maggi, Luiz. III. Título.

24-230053 CDD-
510.76

Índices para catálogo sistemático:

1. Matemática : Concursos 510.76

Eliane de Freitas Leite - Bibliotecária - CRB 8/8415

Todos os direitos reservados. Nenhuma parte desta obra poderá ser reproduzida sejam quais forem os meios empregados sem a permissão da Editora. Aos infratores aplicam-se as sanções previstas nos artigos 102, 104, 106 e 107 da Lei n. 9.610, de 19 de fevereiro de 1998.

Impresso no Brasil
Printed in Brazil

www.lfeditorial.com.br
Visite nossa livraria no Instituto de Física da USP
www.livrariadafisica.com.br
Telefones:
(11) 39363413 - Editora
(11) 38158688 - Livraria

Os Autores

Antônio Nunes de Oliveira

Docente no Instituto Federal de Educação, Ciência e Tecnologia do Ceará, Campus Cedro
Graduado em Física, mestre em Ensino de Ciências e Matemática e Doutor em Engenharia de Processos
Docente colaborador do Programa de Pós-Graduação em Ensino de Ciências e Matemática do Instituto Federal do Ceará (PGECM-IFCE)
Docente do Mestrado Nacional Profissional em Ensino de Física, polo 23 (MNPEFSBF)
Doutorando em Ensino pelo programa de Pós-Graduação em ENSINO da Rede Nordeste de Ensino (RENOEN-IFCE)

Marcos Cirineu Aguiar Siqueira

Docente no Instituto Federal de Educação, Ciência e Tecnologia do Ceará, Campus Maracanaú
Especialista em Pesquisa Científica pela Universidade Estadual do Ceará (UECE)

Luiz Maggi

Licenciado em Matemática, mestre em Educação Matemática e mestre em Educação. Professor aposentado na Pontifícia Universidade Católica de Minas Gerais

José Wally Mendonça Menezes

Doutor em Física pela Universidade Federal do Ceará
Docente no Instituto Federal de Educação, Ciência e Tecnologia do Ceará, Campus Fortaleza
Professor do doutorado em Ensino, da Rede Nordeste de Ensino (RENŒN)
Professor do Departamento de Telemática e do Programa de Pós-Graduação em Engenharia de Telecomunicações (PPGET)

A Coleção

VOLUME 1
Capítulo 1 - Análise Combinatória
Capítulo 2 - Probabilidade

VOLUME 2
Capítulo 3 - Geometria Plana
Capítulo 4 - Geometria Espacial

VOLUME 3
Capítulo 5 - Conjuntos e Lógica Formal
Capítulo 6 - Funções Reais de Uma Variável Real

VOLUME 4
Capítulo 7 - Álgebra
Capítulo 8 -Trigonometria

VOLUME 5
Capítulo 9 - Vetores
Capítulo 10 - Geometria Analítica

VOLUME 6
Capítulo 11 - Progressões e Matemática Financeira
Capítulo 12 - Estatística

VOLUME 7
Capítulo 13 - Limites e Derivadas
Capítulo 14 - Integrais

A todos os estudantes e professores que buscam na educação uma maneira de transformar a sociedade, colaborando para torná-la mais justa e igualitária.

Prefácio

A matemática é a base para o desenvolvimento de diversas aplicações e fundamental para a compreensão das atividades pessoais e profissionais, visto que suas expressões modelam fenômenos da natureza e ditam regras para o funcionamento de várias situações cotidianas. Nesse sentido, é relevante que profissionais e estudantes busquem aprofundar seus conhecimentos por meio de estudos em materiais que forneçam contexto atualizado e ideias que se alinhem aos seus objetivos.

O livro "Matemática para Institutos Federais, Universidades e Concursos: Questões de Concursos, Vol. 1" cumpre o papel de alinhar a construção do conhecimento matemático ao objetivo de êxito em seleções, a partir de textos e exercícios. Os autores Antônio Nunes de Oliveira, Marcos Cirineu Aguiar Siqueira e Luiz Maggi possuem vasta experiência na elaboração deste tipo de material e, neste volume, dedicam atenção ao estudo de análise combinatória e probabilidade.

O livro está dividido em dois capítulos. O primeiro capítulo apresenta a análise combinatória com textos que explicam o princípio multiplicativo, permutações, arranjos e combinações. Esse capítulo conta com 60 questões de concursos, com sugestões de resolução que permitem ao leitor compreender a aplicação dos conceitos em problemas de análise combinatória.

O segundo capítulo trata de probabilidade, apresentando a definição de probabilidade e textos sobre eventos, desdobramentos fundamentais, probabilidade condicional, probabilidade total, distribuição de probabilidades e o método binomial. O capítulo contém sugestões de resolução de 76 questões de concursos que abordam os conteúdos de probabilidade.

Dessa forma, pode-se considerar que a obra "Matemática para Institutos Federais, Universidades e Concursos: Questões de Concursos, Vol. 1" é interessante para todos que buscam aprofundar seus conhecimentos e fixar conteúdos por meio de sugestões de soluções para problemas encontrados em diversas avaliações. Recomendo a leitura e desejo que os resultados de sua jornada alcancem seus objetivos.

Otávio Floriano Paulino
Universidade Federal Rural do Semi-Árido

Apresentação

Este livro é a ferramenta essencial para que você aprimore seus conhecimentos em Análise Combinatória e Probabilidade, teste suas habilidades e experiências diante de situações-problema e avalie constantemente o seu progresso. Acreditamos firmemente que a resolução de questões é a melhor forma de você verificar e aprimorar o aprendizado.

Dedicamos este trabalho aos estudantes que buscam se preparar para concursos de professor de matemática em Institutos Federais e universidades, onde fornecemos uma coletânea criteriosa de problemas de Análise Combinatória e Probabilidade presentes em provas anteriores dessas instituições e similares. Nesta coleção os problemas são apresentados com soluções detalhadas, tornando a leitura do texto mais acessível e enriquecedora.

Nossa expectativa é que este livro o guie em sua trajetória rumo à aprovação e à conquista de um emprego público, permitindo que você se sinta confiante ao enfrentar os desafios das provas.

Caso você deseje um material que aborde os conteúdos de forma mais ampla e detalhada, incluindo demonstrações de teoremas, diversos exemplos e exercícios resolvidos, recomendamos o livro "Análise Combinatória e Probabilidade", da coleção "Matemática Para Universidades e Concursos". Essa coleção abrange textos explicativos e exercícios desafiadores que o ajudarão a aprimorar ainda mais o conhecimento na área.

A principal diferença entre essas duas coleções é que a segunda traz uma abordagem mais completa, sendo recomendada tanto para iniciantes no assunto quanto para aqueles que desejam revisar os conteúdos de maneira mais aprofundada. Por outro lado, se você concluiu recentemente a graduação ou já possui experiência no tema e busca focar nos aspectos específicos das provas de concursos, esta coleção deve ser suficiente para otimizar seu estudo de forma objetiva.

Seja qual for o seu perfil de estudante, temos certeza de que este livro proporcionará uma preparação sólida e eficiente, apresentando os problemas mais relevantes e recorrentes em provas. Assim, você estará preparado para enfrentar qualquer desafio que lhe seja proposto.

Desejamos a você uma excelente jornada de aprendizado e sucesso em sua trajetória acadêmica e profissional!

OS AUTORES

Suas sugestões para o aprimoramento desta obra serão muito bem-vindas e podem ser enviadas para o e-mail `matunicon@gmail.com`.

Visite o nosso canal no YouTube: MATEMÁTICA PARA UNIVERSIDADES E CONCURSOS, lá você encontrará soluções de questões do ENADE, concursos públicos e exames de pós-graduação.

Ingresse em nosso grupo de WhatsApp (`https://chat.whatsapp.com/KPn2d8zwQph3zfbqvrCFkx`) e tenha contato exclusivo com os autores da obra, além de poder ficar atualizado sobre novas publicações e condições especiais de aquisição:

Abreviaturas e Siglas

AOCP	Associação civil sem fins econômicos, de caráter organizacional, filantrópico, assistencial, promocional, recreativo e educacional, sem cunho político ou partidário.
COMPERVE UFRN	Comissão Permanente do Vestibular da Universidade Federal do Rio Grande do Norte
COPEMA IFAL	Comissão Permanente de Magistério do Instituto Federal de Alagoas
COPEVE/UFAL	Comissão Permanente do Vestibular da Universidade Federal de Alagoas
CSEP IFPI	Comissão de Seleção de Pessoal do Instituto Federal do Piauí
FADESP	Fundação Amparo e Desenvolvimento da Pesquisa
FADESP IFPA	Fundação Amparo e Desenvolvimento da Pesquisa Instituto Federal do Pará
FCM	Fundação de Apoio à Educação e Desenvolvimento Tecnológico de Minas Gerais – Fundação CEFETMINAS
FUNRIO	Fundação de Apoio a Pesquisa, Ensino, e Assistência às Escola de Medicina e Cirurgia do Rio de Janeiro e ao Hospital Universitário Gaffrée e Guinle, da Universidade Federal do Estado do Rio de Janeiro
IBC	Instituto Benjamin Constant
IDECAN	Instituto de Desenvolvimento Educacional, Cultural e Assistencial Nacional

IFAC	Instituto Federal de Educação, Ciência e Tecnologia do Acre
IFAL	Instituto Federal de Educação, Ciência e Tecnologia de Alagoas
IFAM	Instituto Federal de Educação, Ciência e Tecnologia do Amazonas
IFB	Instituto Federal de Educação, Ciência e Tecnologia de Brasília
IFB	Instituto Federal de Educação, Ciência e Tecnologia de Brasília
IFBA	Instituto Federal de Educação, Ciência e Tecnologia da Bahia
IFMG SUDESTE	Instituto Federal de Educação, Ciência e Tecnologia do Sudeste de Minas Gerais
IFMS	Instituto Federal de Mato Grosso do Sul
IFMT	Instituto Federal de Educação, Ciência e Tecnologia do Mato Grosso
IFNMG	Instituto Federal de Educação, Ciência e Tecnologia do Norte de Minas Gerais
IFPA	Instituto Federal de Educação, Ciência e Tecnologia do Pará
IFPB	Instituto Federal de Educação, Ciência e Tecnologia da Paraíba
IFPI	Instituto Federal de Educação, Ciência e Tecnologia do Piauí
IFRJ	Instituto Federal de Educação, Ciência e Tecnologia do Rio de Janeiro
IFRN	Instituto Federal de Educação, Ciência e Tecnologia do Rio Grande do Norte
IFRO	Instituo Federal de Rondônia
IFRS	Instituto Federal de Educação, Ciência e Tecnologia do Rio Grande do Sul
IFSC	Instituto Federal de Santa Catarina
IFSul	Instituto Federal de Educação, Ciência e Tecnologia Sul-rio-grandense
UFG/IFGO	Universidade Federal de Goiás/Instituto Federal de Educação, Ciência e Tecnologia de Goiás
UFMT	Universidade Federal do Mato Grosso

Sumário

Os autores VII

A coleção IX

Prefácio XI

Apresentação XIII

Abreviaturas e Siglas XV

1 Análise Combinatória 1

2 Probabilidades 77

Gabaritos 181

Bibliografia 183

1. *Análise Combinatória*

Análise Combinatória:
A Análise Combinatória é a parte da Matemática que se ocupa com o estudo dos problemas de contagem, normalmente expressos sob forma de combinações, arranjos ou permutações. De maneira mais generalista, Morgado, Carvalho e Fernandez (1991, p. 2), afirmam que "*a Análise Combinatória é a parte da Matemática que analisa estruturas e relações discretas*".

> Dois tipos de problemas que ocorrem frequentemente em Análise Combinatória são:
> 1) Demonstrar a existência de subconjuntos de elementos de um conjunto finito dado e que satisfazem certas condições.
> 2) Contar ou classificar os subconjuntos de um conjunto finito e que satisfaçam certas condições dadas (MORGADO; CARVALHO; CARVALHO; FERNANDEZ, 1991, p. 2).

Princípio Multiplicativo (Princípio Fundamental da Contagem):
Se uma decisão d_1 *pode ser tomada de* x *maneiras distintas e se, uma vez tomada a decisão* d_1*, a decisão* d_2 *puder ser tomada de* y *maneiras distintas, então o número de maneiras de se tomarem as decisões* d_1 *e* d_2 *é* xy.
É importante salientar que alguns textos preferem discernir entre dois princípios fundamentais de contagem, o *Princípio Aditivo* (Regra do 'ou') e o *Princípio Multiplicativo* (Regra do 'e').
Fatorial:

Seja n um inteiro positivo e maior que 1, $n \in \mathbb{N}^*$, $n > 1$, definimos o fatorial de n (indicado por $n!$) da seguinte forma:

$$n! = n(n-1)(n-2)\ldots 3 \cdot 2 \cdot 1\,, \quad n \geq 2.$$

Perceba que o fatorial de um número nada mais é do que o produto dele por todos os seus antecessores naturais não nulos.
Excepcionalmente, define-se o fatorial de um e o fatorial de zero como sendo a unidade:

$$1! = 1 \ \text{ e } \ 0! = 1.$$

Arranjos Simples:
Seja um conjunto de n elementos no qual queremos fazer a escolha de uplas com p elementos cada (p-uplas). Chamamos de upla a todo o agrupamento ordenado, ou seja, tal que a ordem dos seus elementos componentes é levada em consideração, como os pares ordenados e as triplas ordenadas, por exemplo. Para tanto basta utilizar o Princípio Multiplicativo sobre cada uma das p escolhas a serem feitas, obtendo a seguinte expressão com p fatores:

$$A_n^p = n \cdot (n-1) \cdots (n-p+1).$$

Multiplicando em cima e embaixo por $(n-p)!$ obtemos a expressão mais compacta:

$$A_n^p = \frac{n!}{(n-p)!}\,, \quad n \geq p,$$

que costumamos ler como "Arranjo de n elementos tomados p a p" ou simplesmente "Arranjo de n elementos classe p".
Arranjos com Repetição
Diferem dos Arranjos Simples no sentido de que admitem elementos repetidos. Nesse sentido, a aplicação do Princípio Multiplicativo às p-uplas nos conduz à expressão:

$$AR_n^p = n \cdot n \cdots n$$

com p fatores, o que nos leva a

$$AR_n^p = n^p$$

Permutações

Permutar elementos de um dado conjunto equivale a 'misturar' esses elementos, trocando-os de ordem. Existem pelo menos quatro casos de permutação:

a) *Permutação Simples,* tipo de permutação em que todos os elementos entram uma única vez (sem repetições) no processo de contagem;

b) *Permutação com Repetições,* tipo de permutação no qual são admitidos elementos repetidos dentro da sequência;

c) *Permutação Circular,* sempre que, ao dispormos os elementos em sequência, o primeiro item da lista necessariamente tem contato direto com o último item;

d) *Permutação Caótica,* situação na qual se condicionam os elementos a aparecerem no resultado fora de suas posições originais.

As permutações de letras para formar palavras distintas são chamadas de anagramas. Por exemplo, as palavras ROMA e AMOR são anagramas. Essas palavras não precisam ter significado em qualquer idioma, mas são meros agrupamentos de letras.

***Permutações Simples*:**

Dados n elementos distintos, $a_1, a_2, a_3, \ldots, a_n$, existem $n!$ modos de ordenar esses elementos.

$$P_n = n!$$

#Exemplo: A palavra AMOR possui $P_n = 4! = 24$ anagramas.

Perceba que, na prática, a diferença entre Arranjo Simples (sentido estrito do objeto) e Permutação é que, enquanto no primeiro, elementos são descartados durante o processo de agrupamento ($p < n$), na segunda, todos os elementos necessariamente são utilizados ($p = n$). Em ambas as situações, vale reforçar, a ordem dos elementos é considerada.

#Exemplo: Partindo da palavra PENA, podemos obter NEP utilizando arranjos de 4 elementos tomados 3 a 3 e podemos obter NAPE utilizando permutações de 4 elementos. Note que, no primeiro caso houve uma letra descartada, já no caso seguinte, todas as letras foram utilizadas.

Permutações com Repetições:

Dados n elementos distintos, $a_1, a_2, a_3, \ldots, a_n$*, com um deles repetido* α *vezes e outro repetido* β *vezes, existem* $n!/(\alpha!\beta!)$ *modos de ordenar esses elementos.*

$$P_n^{\alpha,\beta} = \frac{n!}{\alpha!\,\beta!}$$

#Exemplo: A palavra BANANA possui $P_n = \frac{6!}{3!\,2!} = 60$ anagramas.

***Permutações Circulares*:**

Dados n elementos distintos, $a_1, a_2, a_3, \ldots, a_n$*, existem* $(n-1)!$ *modos de ordenar esses elementos de forma circular.*

$$PC_n = (n-1)!$$

#Exemplo: Existem $PC_4 = (4-1)! = 3! = 6$ maneiras distintas de se acomodar 4 pessoas em torno de uma mesa.

Permutações Caóticas: Trata-se de um tipo de permutação em que nenhum dos elementos do resultado se encontra na sua posição de origem.

#Exemplo: Dada a palavra PEDRA, a palavra ARPED integra o seu rol de permutações caóticas, pois todas as letras foram trocadas de lugar, porém a palavra EDARP não corresponde a uma permutação caótica de PEDRA porque a letra R permanece na quarta posição (da esquerda para a direita).

A expressão matemática correspondente, deduzida pelo matemático Leonhard Euler (1707-1783), é a seguinte:

$$D_n = n!\left[\frac{1}{0!} - \frac{1}{1!} + \frac{1}{2!} - \frac{1}{3!} + \cdots + \frac{(-1)^n}{n!}\right].$$

Combinações

A combinação é uma prática que está relacionada à escolha de elementos para formação de conjuntos, ou seja, agrupamentos nos quais a ordem dos elementos *não* é levada em consideração. As combinações podem ser, pelo menos, de três tipos:

a) *Combinação simples,* tipo de combinatória tal que, além de não

interessar a ordem na qual os elementos aparecem, nela não se admitem elementos repetidos;
b) *Combinação composta* (ou Combinação Completa ou Com Repetição), quando se admitem elementos repetidos na combinação;
c) *Combinação condicionada*, como próprio nome sugere, corresponde ao tipo de combinação em que se impõem condições aos elementos. De um modo geral, exige-se que um determinado número de elementos participe ou seja excluído da combinação.

Combinações Simples:
Genericamente falando, a combinação de n objetos p a p (também chamada de combinação de n objetos classe p) equivale ao número de conjuntos (agrupamentos indiferentes à ordem) que é possível formar com p elementos:

$$C_n^p = \frac{n!}{p!\,(n-p)!} \quad \text{com.}$$

Algumas vezes, por razões didáticas, costuma-se apelidar n de "número de candidatos" e p de "número de vagas", porém essas letras também podem ser, eventualmente, pensadas no sentido contrário.
A Combinação Simples se diferencia do Arranjo Simples pelo fato de que, na primeira, a ordem não é considerada, já no segundo, ela deve ser. No caso do Arranjo Simples faz-se primeiro a escolha dos p elementos para, em seguida, permutá-los.

Combinações Compostas (Combinações Completas ou Com Repetição):
O número de combinações completas de n objetos p a p é obtido através da expressão:

$$CR_n^p = \frac{(n+p-1)!}{p!\,(n-1)!}, \quad n \geq p.$$

Triângulo de Pascal: Combinação Simples e Números Binomiais
O Triângulo de Pascal consiste em uma disposição de números em forma triangular e é construído usando-se as seguintes regras:
a) Os números nas bordas do triângulo são sempre iguais a 1;
b) Os demais números (que não estão nas bordas) são obtidos

somando-se os dois números que estão diretamente acima deles.
Cada linha do triângulo representa os coeficientes binomiais do produto notável correspondente à soma de dois números quaisquer elevada à potência correspondente ao número da linha. Além disso, a soma de tais coeficientes será sempre uma potência de 2.
O triângulo de Pascal recebe esse nome em homenagem ao matemático francês Blaise Pascal (1623 - 1662), que estudou profundamente suas propriedades e aplicações.
Os elementos de cada linha do triângulo de Pascal podem ser obtidos empregando-se a equação de Combinação Simples:

$$C_0^0 \rightarrow 1 = 1 = 2^0$$
$$C_1^0 C_1^1 \rightarrow 1 + 1 = 2 = 2^1$$
$$C_2^0 C_2^1 C_2^2 \rightarrow 1 + 2 + 1 = 4 = 2^2$$
$$C_3^0 C_3^1 C_3^2 C_3^3 \rightarrow 1 + 3 + 3 + 1 = 8 = 2^3$$
$$C_4^0 C_4^1 C_4^2 C_4^3 C_4^4 \rightarrow 1 + 4 + 6 + 4 + 1 = 16 = 2^4$$
$$C_5^0 C_5^1 C_5^2 C_5^3 C_5^4 C_5^5 \rightarrow 1 + 5 + 10 + 10 + 5 + 1 = 32 = 2^5$$
$$C_6^0 C_6^1 C_6^2 C_6^3 C_6^4 C_6^5 C_6^6 \rightarrow 1 + 6 + 15 + 20 + 15 + 6 + 1 = 64 = 2^6$$

....

Vale a pena salientar que o número binomial corresponde exatamente à combinação:

$$\binom{n}{p} = C_n^p = C_{n,p}\,, \quad n, p \in \mathbb{N} \text{ e } n \geq p.$$

Didaticamente, também podemos pensar os números binomiais em termos de linha e coluna do Triângulo de Pascal: $\binom{L}{C}$.
O Triângulo de Pascal é útil em diversas áreas da Matemática, como na Teoria das Probabilidades, na Análise Combinatória e na Álgebra. Ele também apresenta diversas propriedades interessantes como a simetria em relação ao eixo central e a ocorrência de números triangulares em sua diagonal principal, além da famosa Relação de Stifel:

$$\binom{n-1}{p-1} + \binom{n-1}{p} = \binom{n}{p}, \quad n, p \in \mathbb{N} \text{ e } n \geq p+1$$

Combinações condicionadas:
Trata-se de uma variante das Combinações Simples e das Combinações Completas tal que subtraímos ou adicionamos valores a n ou a p formando expressões do tipo:

$$C_{n\pm k}^{p\pm k} = \frac{(n \pm k)!}{(p \pm k)!(n-p)!}, \quad n \geq p.$$

ou então,

$$CR_{n\pm k}^{p\pm k} = \frac{(n \pm k + p \pm k - 1)!}{(p \pm k)!(n \pm k - 1)!}, \quad n \geq p.$$

□

1.1 (CSEP-IFPI - Edital 73/2022) Q21

Um professor dispõe de 20 questões, sendo 7 de funções reais, 3 de probabilidade, 5 de geometria e 5 de álgebra. De quantas maneiras distintas ele pode elaborar uma prova com 10 questões, de modo que essa prova contenha exatas quatro questões de funções reais, pelo menos duas de probabilidade e até duas de geometria?

(a) 10.500.
(b) 13.125.
(c) 13.825.
(d) 14.175.
(e) 20.125.

Sugestão de Solução.
Perceba que este professor dispõe de 20 questões assim distribuídas:

$$\begin{cases} 7 \text{ funções reais} \\ 3 \text{ probabilidade} \\ 5 \text{ geometria} \\ 5 \text{ álgebra} \end{cases}$$

A prova de 10 questões elaborada a partir deste conjunto deverá seguir as seguintes restrições:

$$\begin{cases} \text{4 funções reais} \\ \text{pelo menos 2 de probabilidade} \\ \text{até duas de geometria} \end{cases}$$

Logo temos as seguintes possibilidades:

$$\begin{cases} 4f; 2p; 0g; 4a \\ 4f; 2p; 1g; 3a \\ 4f; 2p; 2g; 2a \\ 4f; 3p; 0g; 3a \\ 4f; 3p; 1g; 2a \\ 4f; 3p; 2g; 1a \end{cases}$$

Considere que ao formarmos grupos de questões de um conjunto maior estamos fazendo a combinação das n questões do conjunto em grupos de p elementos, ou seja,
$C_{7;4} = \frac{7!}{4!.(7-4)!} = 35$ maneiras diferentes de separar 4 questões de funções do conjunto de 7 questões;
$C_{3;2} = \frac{3!}{2!.(3-2)!} = 3$ maneiras diferentes de separar 2 questões de probabilidade do conjunto de 3 questões;
$C_{5;2} = \frac{5!}{2!.(5-2)!} = 10$ maneiras diferentes de separar 2 questões de geometria ou álgebra do conjunto de 5 questões;
$C_{5;3} = \frac{5!}{3!.(5-3)!} = 10$ maneiras diferentes de separar 3 questões de álgebra do conjunto de 5 questões;
$C_{5;4} = \frac{5!}{4!.(5-4)!} = 5$ maneiras diferentes de separar 2 questões de álgebra do conjunto de 5 questões.
Determinadas as possibilidades podemos usar o PFC – Princípio Fundamental de Contagem ou princípio multiplicativo para determinar o número de maneiras diferentes para cada possibilidade:

$(4f; 2p; 0g; 4a)$	$35 \times 3 \times 1 \times 5 = 525$
$(4f; 2p; 1g; 3a)$	$35 \times 3 \times 5 \times 10 = 5250$
$(4f; 2p; 2g; 2a)$	$35 \times 3 \times 10 \times 10 = 10500$
$(4f; 3p; 0g; 3a)$	$35 \times 1 \times 1 \times 10 = 350$
$(4f; 3p; 1g; 2a)$	$35 \times 1 \times 5 \times 10 = 1750$
$(4f; 3p; 2g; 1a)$	$35 \times 1 \times 10 \times 5 = 1750$

O total de maneiras diferentes corresponde a:
$525 + 5250 + 10500 + 350 + 1750 + 1750 = 20125$ maneiras diferentes.
Gabarito: **Item e)**.

1.2 (CSEP-IFPI - Edital 73/2022) Q32

Em 2021, devido às restrições e às medidas de distanciamento social, locais com auditórios tiveram que se adaptar e reduzir o número de lugares disponíveis para o público. A direção de um teatro optou por não marcar as cadeiras indisponíveis, e sim, pedir ao público que escolham poltronas que não estejam próximas. Dessa forma, foi colocado um comunicado na porta de entrada do teatro: "NENHUM ESPECTADOR PODE SENTAR-SE AO LADO DE OUTRO, SOB NENHUMA HIPÓTESE". Se uma das fileiras desse teatro possui 16 poltronas alinhadas e consecutivas, de quantos modos 7 pessoas podem se distribuir nessa fileira, obedecendo o comunicado da direção do teatro?

(a) 120.
(b) $2^8 \cdot 3^2 \cdot 5^2 \cdot 7 \cdot 11 \cdot 13$
(c) 11440.
(d) $3^4 \cdot 5 \cdot 7 \cdot 11 \cdot 13$.
(e) 8008.

Sugestão de Solução.
+ : Assento ocupado;
− : Assento vago;
O : Posição onde se pode colocar '+' ou não;

1º) Exemplo de configuração:

+ − + − + − + − + − + − + − − −   16 símbolos
7+
9−

2º) Considerando as alternâncias:

O − O − O − O − O − O − O − O − O − O

Lema de Kaplansky − É preciso encaixar os sete símbolos de + em alguma das dez posições onde se encontram os Os:

$$N = \binom{10}{7} = \frac{10.9.8}{6} \qquad \therefore N = 120 \textit{ modos.}$$

Gabarito: **Item a)**.

1.3 (CSEP-IFPI - Edital 20/2011) Q27

Sete moças e cinco rapazes vão jogar vôlei. Calcule e assinale, então, a quantidade de maneiras das quais eles podem ser divididos em 2 grupos de 6 jogadores cada, de modo que os rapazes não fiquem todos no mesmo grupo:

(a) 919.
(b) 917.
(c) 459.
(d) 457.

Sugestão de Solução.

Considere o total de possibilidades de se separar grupos de 6 jogadores a partir de um conjunto de 12 jogadores, independentemente de serem moças ou rapazes.

Temos um caso de combinação de 12 elementos tomados 6 a 6 onde os grupos formados diferem entre si pela natureza de seus elementos. Assim o total de possibilidades é de

$$C_{12,6} = \frac{12!}{6! \times (12-6)!} = \frac{12 \times 11 \times 10 \times 9 \times 8 \times 7 \times 6!}{6! \times 6!}$$
$$= \frac{12 \times 11 \times 10 \times 9 \times 8 \times 7}{6 \times 5 \times 4 \times 3 \times 2 \times 1}$$
$$= 11 \times 2 \times 3 \times 2 \times 7 = 22 \times 6 \times 7 = 924.$$

Desse total de possibilidades, devemos excluir os grupos de jogadores onde os 5 rapazes vão estar juntos, ou seja, sete grupos onde temos os cinco rapazes e uma das sete moças.
Logo o total de possibilidades é 924 – 7 = 917 possibilidades.
Gabarito: **Item b**).

1.4 (CSEP-IFPI - Edital 80/2016)

Certa Instituição Financeira decidiu que em todas as transações realizadas em seus caixas eletrônicos será exigida a digitação de um código de acesso, que será gerado automaticamente pelo sistema, formado por uma sequência de três letras em que o usuário vai digitar na tela do caixa eletrônico para autorizar a transação. Quantos códigos de acesso podem ser gerados, sabendo que podem ser utilizadas quaisquer das 26 letras do alfabeto da língua portuguesa e que não podemos ter letras consecutivas repetidas?
(a) 15.576.
(b) 16.900.
(c) 16.250.
(d) 11.132.
(e) 12.167.

Sugestão de Solução.
Esta questão é uma aplicação direta do princípio multiplicativo ou PFC - Princípio Fundamental de Contagem, que diz que:
Se um evento é constituído de etapas para a sua realização e se cada etapa possui uma determinada quantidade de possibilidades de ocorrer, o total de maneiras do evento ocorrer é dado pelo produto das possibilidades das etapas que o constituem.
No caso desta questão, o evento é a escolha de um código de acesso

com a seguinte restrição:
Utilização das 26 letras do alfabeto da língua portuguesa de modo que não podemos ter letras consecutivas repetidas.
Neste caso as etapas da escolha deste código correspondem à escolha das letras sendo que:
- Para a escolha da primeira letra, temos 26 opções que são as 26 letras do alfabeto:

$$26 \times \cdots \times \cdots =$$

- Para a escolha da segunda letra, devo observar que, uma vez escolhida a primeira letra, esta não pode ser repetida na segunda posição, limitando para 25 as opções para a segunda letra:

$$26 \times 25 \times \cdots =$$

- Para a escolha da terceira letra, nos deparamos com a mesma restrição, não podemos repetir a segunda letra pois não podem acontecer letras consecutivas repetidas, mas podemos repetir a primeira letra que não quebraremos a regra, logo temos novamente 25 opções para a terceira letra e

$$26 \times 25 \times 25 = 16250$$

que são as possibilidades diferentes de escolha deste código com as restrições impostas.
Gabarito: **Item c)**.

1.5 (FUNRIO-IFPI - Edital 01/2014) (Q11)

m grupo de quatro funcionários será recebido pelo diretor da empresa em que trabalham para discutir questões salariais. Doze funcionários se voluntariaram para participar desta reunião, sendo: três da administração, três engenheiros e seis técnicos. Os funcionários decidiram que o grupo deverá ser formado por um funcionário da administração, um engenheiro e dois técnicos. Quantos grupos distintos podem ser formados?

(a) 60.
(b) 120.
(c) 135.
(d) 270.
(e) 300.

Sugestão de Solução.

Algumas questões envolvem uma associação do princípio multiplicativo com arranjos, permutações ou combinações, como é o caso desta questão.

Teremos que formar grupos de 4 funcionários a partir de um conjunto, ou grupo maior, de 12 funcionários distribuídos em 3 da administração, 3 engenheiros e 6 técnicos.

Os grupos de 4 funcionários devem ser de tal forma que tenham 1 funcionário da administração, 1 da engenharia e 2 técnicos.

Assim o evento "formar grupos de 4 funcionários" pode ser decomposto em etapas de modo que o total de maneiras que este evento pode ocorrer é o produto de suas etapas.

A primeira etapa consiste em escolher um funcionário da administração, como temos 3 funcionários temos 3 possibilidades para esta etapa:

$$3 \times \cdots \times \cdots =$$

A segunda etapa consiste em escolher um funcionário da engenharia, como temos 3 engenheiros temos 3 possibilidades para esta etapa:

$$3 \times 3 \times \cdots =$$

A terceira etapa consiste em escolher 2 técnicos de um grupo maior de 6 técnicos. Observe que para que os grupos sejam diferentes os dois técnicos precisam ser pessoas diferentes a cada grupo de 2 técnicos, um grupo AB não é diferente de um grupo BA, assim esses grupos de 2 técnicos precisam diferir pela natureza de seus elementos sendo um caso de Combinação de 6 elementos em grupos de 2, logo,

$$3 \times 3 \times C_{6,2} =$$

$$3 \times 3 \times \frac{6!}{2! \times (6-2)!} =$$

$$3 \times 3 \times \frac{6 \times 5 \times 4!}{2 \times 1 \times 4!} =$$

$$3 \times 3 \times \frac{6 \times 5}{2} =$$

$$3 \times 3 \times 15 = 135.$$

Gabarito: **Item c)**.

1.6 (FCM IFNMG – 2018) (Q39)

Se $C_{20,n} = 15.504$ e $A_{n,3} = 2.730$, pode-se inferir que n é um número

(a) múltiplo de 6.

(b) par, menor do que 17.

(c) ímpar, maior do que 16.

(d) primo, maior do que 10.

(e) múltiplo de dois números primos.

Sugestão de Solução.

Sabendo que as fórmulas são

$$C_{n,p} = \frac{n!}{p! \times (n-p)!} \quad \text{e} \quad A_{n,p} = \frac{n!}{(n-p)!}$$

Temos que

$$C_{20,n} = \frac{20!}{n! \times (20-n)!} = 15504$$

Temos também que

$$A_{n,3} = \frac{n!}{(n-3)!} = 2730$$

$$\frac{n \times (n-1) \times (n-2) \times (n-3)!}{(n-3)!} = 2730$$

$$n \times (n-1) \times (n-2) = 2730$$

Fatorando 2730 temos

$$2730 = 2 \times 3 \times 5 \times 7 \times 13 = 15 \times 14 \times 13,$$

logo o valor de n é 15, podemos verificar em

$$C_{20,15} = \frac{20!}{15! \times (20-15)!}$$

$$C_{20,15} = \frac{20 \times 19 \times 18 \times 17 \times 16 \times 15!}{15! \times 5!}$$

$$C_{20,15} = \frac{20 \times 19 \times 18 \times 17 \times 16 \times 15!}{15! \times 5 \times 4 \times 3 \times 2 \times 1}$$

$$C_{20,15} = 19 \times 3 \times 17 \times 16 = 15504 \text{ (Confirmado!!!)}$$

Logo $n = 15$, que é um múltiplo de dois números primos, 3 e 5.
Gabarito: **Item a)**.

1.7 (CSEP-IFPI - Edital 86/2019)

Um famoso jogador de futebol tem uma coleção de chuteiras que ele só usa em finais de copas. Desta forma, ele possui 7 pares iguais de modelo A, 8 do modelo B e 10 do modelo C.
Sabendo-se que o time pelo qual joga disputará a final da Copa dos Campeões neste final de semana, de quantas maneiras o atleta poderá formar um conjunto não vazio de pares de chuteiras para levar ao estádio?
(a) 560 maneiras.
(b) 792 maneiras.
(c) 791 maneiras.
(d) 456 maneiras.
(e) 789 maneiras.
Sugestão de Solução.
Primeiramente vamos destacar o significado de formar um conjunto não vazio de pares de chuteiras.
Podemos interpretar como sendo as possibilidades que este jogador

tem de levar seus pares de chuteiras ao estádio, sendo:
1 par de chuteiras ou 2 pares de chuteiras ou três pares de chuteiras.
Se resolver levar um par de chuteiras ele tem:
7 possibilidades para o modelo A, 8 possibilidades para o modelo B e 10 possibilidades para o modelo C em um total de:
$8 + 7 + 10 = 25$ possibilidades para escolher levar um par de chuteiras ao estádio.
Se resolver levar dois pares de chuteiras, teremos uma aplicação do princípio multiplicativo (PFC), ou seja:
Um par de chuteiras A e um par de chuteiras B: $7 \times 8 = 56$ possibilidades.
Um par de chuteiras A e um par de chuteiras C: $7 \times 10 = 70$ possibilidades.
Um par de chuteiras B e um par de chuteiras C: $8 \times 10 = 80$ possibilidades.
Em um total de $56 + 70 + 80 = 206$ possibilidades de levar dois pares de chuteiras ao estádio.
Se resolver levar três pares de chuteiras, temos:
7 possibilidades para a chuteira A, 8 possibilidades para a chuteira B e 10 possibilidades para a chuteira C: $7 \times 8 \times 10 = 560$ possibilidades.
No total, temos:
$25 + 206 + 560 = 791$ possibilidades no total.
Gabarito: **Item c)**.

1.8 (CSEP-IFPI – Edital 86/2019)

Numa loteria fictícia, o sorteio se dá na escolha aleatória de 4 números dentre os inteiros de 1 a 25. A quantidade de sorteios nos quais os números sorteados não são inteiros consecutivos é
(a) 7.536 sorteios.
(b) 12.650 sorteios.
(c) 13.454 sorteios.
(d) 1.568 sorteios.
(e) 7.315 sorteios.

Sugestão de Solução.

Considere o total de possibilidades de escolhermos grupos de 4 números dentre os inteiros de 1 a 25 que é dado pela combinação de 25 elementos em grupos de 4 elementos cada:

$$C_{25,4} = \frac{25!}{4! \times (25-4)!} = \frac{25 \times 24 \times 23 \times 22 \times 21!}{4 \times 3 \times 2 \times 1 \times 21!}$$

$$= 25 \times 23 \times 22 = 12650$$

Deste total, devemos retirar os sorteios ou possibilidades em que temos números consecutivos.

A primeira situação ocorre quando fixamos o par 1, 2 e temos 23 números para combinar as outras duas posições:

$$C_{23,2} = \frac{23!}{2! \times (23-2)!} = \frac{23 \times 22 \times 21!}{2 \times 1 \times 21!} = 23 \times 11 = 253$$

A segunda situação ocorre quando fixamos o par 2,3 e temos 22 números para as outras opções sendo que o número 1 não pode ser usado, logo,

$$C_{22,2} = \frac{22!}{2! \times (22-2)!} = \frac{22 \times 21 \times 20!}{2 \times 1 \times 20!} = 11 \times 21 = 231$$

A terceira situação ocorre quando fixamos o par 3,4 e temos 22 números para as outras opções sendo que o número 2 não pode ser usado, logo,

$$C_{22,2} = \frac{22!}{2! \times (22-2)!} = \frac{22 \times 21 \times 20!}{2 \times 1 \times 20!} = 11 \times 21 = 231$$

A quarta situação ocorre quando fixamos o par 4,5 e temos 22 números para as outras opções sendo que o número 3 não pode ser usado, logo,

$$C_{22,2} = \frac{22!}{2! \times (22-2)!} = \frac{22 \times 21 \times 20!}{2 \times 1 \times 20!} = 11 \times 21 = 231$$

E assim por diante até fixarmos o par 24, 25 e temos 22 números para as outras opções sendo que o número 23 não pode ser usado.

Assim o número de possibilidades que possui números consecutivos é de

$$253 + 22 \times 231 = 5335$$

Logo, a quantidade de sorteios em que não aparecem números consecutivos é dada por

$$12650 - 5335 = 7315$$

Gabarito: **Item e**).

1.9 (UNIVERSA IFB - Edital 2012) (Q44)

Assinale a alternativa que apresenta a quantidade de maneiras diferentes com que um aluno pode vestir-se considerando que ele tenha 4 camisetas, 2 calças, 3 pares de meias e 3 pares de tênis e utilize simultaneamente apenas uma camiseta, uma calça, um par de meias e um par de tênis.

(a) 72.

(b) 24.

(c) 18.

(d) 9.

(e) 8.

Sugestão de Solução.

Esse é um exemplo clássico do princípio fundamental da contagem (PFC) no qual um evento - o aluno vestir-se - pode ser decomposto em etapas e o total de possibilidades de o evento ocorrer é o produto das possibilidades em cada etapa.

As etapas consistem em: escolher uma das camisetas, escolher uma das calças, escolher um dos pares de meia e escolher um par de tênis. Logo, o total de possibilidades é dados por

$$4 \times 2 \times 3 \times 3 = 24 \times 3 = 72.$$

Gabarito: **Item a**).

1.10 (IFB - Edital 001/2016) (Q40)

Um carrinho de controle remoto é inicialmente colocado no ponto O(0, 0) do plano cartesiano e será programado para se deslocar desde O(0, 0) até o ponto B(5, 4) passando obrigatoriamente pelo ponto A (2, 2). Este trajeto OAB será formado por uma sequência de 9 movimentos. Os únicos movimentos permitidos são para direita e para cima, e um de cada vez. Dessa forma,
se o carrinho está no ponto (i, j) e faz um movimento para direita, então irá para o ponto (i + 1, j).
Mas, se o carrinho está no ponto (i, j) e faz um movimento para cima, então irá para o ponto
(i, j + 1). Sendo assim, cada um destes movimentos tem tamanho igual a 1. Sabendo disso, de
quantas formas diferentes o carrinho pode fazer o trajeto OAB:

(a) 60

(b) 126

(c) 512

(d) 2

(e) 1.

Sugestão de Solução.

Considere um plano cartesiano quadriculado com a disposição dos pontos O, A e B.

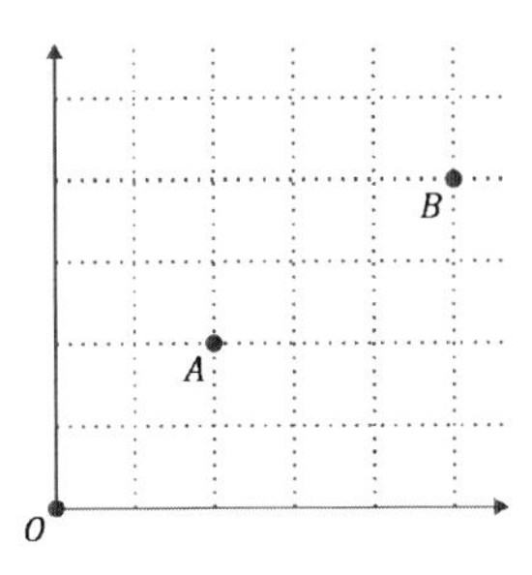

O caminho de O até B pode ser dividido em duas partes, de O até A e de A até B.

Na primeira parte do caminho, as possibilidades que temos podem ser

representadas em termos de deslocamentos para a esquerda e para cima na malha quadriculada, ou seja,
Possibilidade 1: E, S, E, S
Possibilidade 2: E, E, S, S
Observe que as possibilidades correspondem às permutações das letras E (deslocamento para esquerda) e S (deslocamento para cima) e como temos 6 possibilidades de deslocamentos para a esquerda e 6 para cima temos um caso de permutações com repetições, logo,

$$P_4^{2,2} = \frac{4!}{2! \times 2!} = \frac{4 \times 3 \times 2 \times 1}{2 \times 1 \times 2 \times 1} = 3 \times 2 = 6.$$

Na segunda parte do caminho temos as seguintes possibilidades:
Possibilidade 1: E, E, E, S, S
Possibilidade 2: E, S, E, E, S
Temos a mesma situação com permutação com repetição, ou seja:

$$P_5^{3,2} = \frac{5!}{3! \times 2!} = \frac{5 \times 4 \times 3 \times 2 \times 1}{3 \times 2 \times 1 \times 2 \times 1} = 5 \times 2 = 10.$$

Pelo PFC - Princípio Fundamental da Contagem temos que o total de possibilidades para ir de O até B é dado pelo produto das possibilidades das duas partes do caminho, logo,

$$10 \times 6 = 60.$$

Gabarito: **Item a**).

1.11 (IFSul - Edital 168/2015) (Q11)

"O IFCOMIC é um evento voltado aos fãs de games, mangá, histórias em quadrinhos, cosplay, filmes e séries de TV, cuja primeira edição ocorreu em abril de 2015. É baseado no formato do Comic-COM International, um dos maiores encontros de cultura pop do mundo, que acontece anualmente em San Diego, na Califórnia."

(Adaptado de `http://www.ifsul.edu.br/index.php?option=com_content&view=article&id=1838:campus-sapucaia-do-sul-realiza-primeiro-ifcomic&catid=9:instituto-federal-sul-rio-grandense`, com última atualização em 05/03/2015).

É correto afirmar que o número de anagramas da palavra IFCOMIC é

(a) 5040.
(b) 2520.
(c) 1260.
(d) 1680.

Sugestão de Solução.

Neste caso temos 7 letras para permutar e criar os anagramas de IFCOMIC porém devemos observar que temos letras repetidas, a letra I que aparece duas vezes e a letra C que também aparece duas vezes. Trata-se assim de um caso de permutação de sete elementos com dois elementos repetidos, ou seja,

$$P_7^{2,2} = \frac{7!}{2! \times 2!} = \frac{7 \times 6 \times 5 \times 4 \times 3 \times 2 \times 1}{2 \times 1 \times 2 \times 1} = 7 \times 6 \times 5 \times 3 \times 2 \times 1 = 1260.$$

Gabarito: **Item c).**

1.12 (IFPA - Edital 01 de 2015) (Q32)

Uma senha de celular pode ser salva com 4 dígitos. Quantas maneiras diferentes a senha, contendo apenas números, do celular pode ser salva?

(a) 240.
(b) 5040.
(c) 504.
(d) 2016.
(e) 602.

Sugestão de Solução.

Devemos considerar o fato de que uma senha de celular pode começar com 0, por exemplo a senha 0256 é uma senha válida.

Logo podemos usar o princípio multiplicativo para encontrar o número de maneiras diferentes de salvas esta senha, basta considerar a escolha dos números como etapas de um evento, assim temos

$$10 \times 9 \times 8 \times 7 = 5040,$$

pois existem 10 opções para o primeiro número, 9 opções para o segundo, 8 para o terceiro e 7 para o último número.
Poderíamos pensar em números repetidos para uma senha, como por exemplo a senha 2222, uma vez que a questão não deixou isso claro, mas aí teríamos

$$10 \times 10 \times 10 \times 10 = 10000,$$

valor que não se encontra entre as alternativas.
Gabarito: **Item b)**.

1.13 (IFPA - Edital 01 de 2015) (Q31)

Um Professor de Matemática do IFPA decide passar uma avaliação composta de 13 questões, das quais o aluno deve resolver 8. De quantas maneiras possíveis o aluno pode escolher 8 questões para resolver, sem levar em consideração a ordem?
(a) 336.
(b) 25.740.
(c) 154.440.
(d) 40.320.
(e) 1.287.

Sugestão de Solução.

Em uma situação como esta, onde temos que formar grupos de 8 questões de um conjunto, ou grupo maior, de 13 questões temos uma combinação simples.
Perceba que um grupo de 8 questões como este (2, 3, 4, 5, 6, 7, 10, 12) não difere do grupo de questões (12, 10, 2, 3, 4, 5, 6, 7) e, por isso, a observação 'sem levar em consideração a ordem', dizemos neste caso que os grupos gerados por combinação simples diferem entre si pela

natureza de seus elementos e não pela ordem, logo,

$$C_{13,8} = \frac{13!}{8! \times (13-8)!} = \frac{13 \times 12 \times 11 \times 10 \times 9 \times 8!}{8! \times 5 \times 4 \times 3 \times 2 \times 1} = 13 \times 11 \times 9 = 1287$$

Gabarito: **Item e)**.

1.14 (FADESP IFPA - Edital 008 de 2018) (Q47)

Um linhão de transmissão elétrica é composto de seis fios. Dois pássaros distintos pousam nos fios. O número de configurações possíveis para o pouso dos dois pássaros nos fios é de (a) 36.

(b) 30.

(c) 42.

(d) 18.

(e) 72.

Sugestão de Solução.

Vamos considerar as duas situações possíveis: os pássaros pousam em fios diferentes e os pássaros pousam no mesmo fio.

No caso de os pássaros pousarem em fios diferentes podemos interpretar este evento como composto de etapas e usar o princípio multiplicativo para determinar o total de possibilidades de dois pássaros, pássaro A e pássaro B, pousarem em fios diferentes, ou seja,

$$6 \times 5 = 30.$$

O primeiro pássaro a pousar tem 6 opções de fios para escolher, o segundo pássaro terá então 5 opções de fios para escolher. Pelo princípio multiplicativo temos, então 30 possibilidades.

No caso de pousarem no mesmo fio, temos duas possibilidades para cada fio: pássaro A à esquerda e pássaro B à direita ou pássaro B à esquerda e pássaro A à direita.

Como temos 6 fios, o total de possibilidades nesse caso é de $6 \times 2 = 12$.

Logo, o total de possibilidades é de $30 + 12 = 42$ possibilidades.

Gabarito: **Item c)**.

1.15 (FADESP IFPA - Edital 008 de 2018) (Q48)

Oito crianças são dispostas em duas rodas em salas A e B, cada roda com 4 [quatro] crianças. O número de modos diferentes de dispor as 8 [oito] crianças é

(a) 40320.

(b) 70.

(c) 630.

(d) 2520.

(e) 5040.

Sugestão de Solução.

Observe que primeiro precisamos observar que a ordem em que estas crianças estão dispostas nas rodas é importante, por exemplo, a disposição 1, 2, 3, 4 na primeira sala e 5, 6, 7, 8 na segunda sala é diferente da disposição 1, 3, 2, 4 na primeira sala e 6, 5, 7, 8 na segunda sala, logo trata-se de uma permutação circular.

A permutação circular de 4 crianças é dada por

$$PC_4 = (4-1)! = 3! = 3 \times 2 \times 1 = 6.$$

Logo temos 6 possibilidades na primeira sala e 6 possibilidades na segunda sala, pelo princípio multiplicativo temos $6 \times 6 = 36$ possibilidades de dispor as 8 crianças em duas rodas nas salas A e B.

Porém, é preciso observar que podemos formar diversos grupos diferentes de 4 crianças cada a partir do conjunto de 8 crianças, sendo que para cada grupo teremos 36 possibilidades de dispor as crianças. O número de grupos de 4 crianças corresponde a uma combinação simples, ou seja,

$$C_{8,4} = \frac{8!}{4! \times (8-4)!} = \frac{8 \times 7 \times 6 \times 5 \times 4!}{4 \times 3 \times 2 \times 1 \times 4!} = 7 \times 2 \times 5 = 70.$$

Pelo princípio multiplicativo temos $36 \times 70 = 2520$ modos diferentes de dispor tais crianças.

Gabarito: **Item d)**.

1.16 (FADESP IFPA - Edital 008 de 2018) (Q49)

Um psicólogo atende, durante seis horas seguidas, as seis pessoas, em períodos de uma hora cada. Entre seus pacientes do dia estão dois casais divorciados, cujos pares não podem ser atendidos em horários contíguos. O número de possibilidades de dispor os dois casais nos seis horários será de

(a) 614.

(b) 720.

(c) 312.

(d) 156.

(e) 360.

Sugestão de Solução.

Considere que o número total de maneiras de dispor essas duas pessoas (casal divorciado) entre as 6 horas possíveis pode ser feita com as escolhas de cada um desses dois pacientes.

Observe que o primeiro paciente tem 6 opções de escolha de horário, para que o segundo paciente não escolha uma hora contigua temos as seguintes situações:

Se o primeiro paciente escolher a hora 1 o segundo paciente não poderá escolher a hora 2 e sobram para o segundo paciente 4 opções.

Se o primeiro paciente escolher a hora 2 o segundo paciente não poderá escolher as horas 1 e 3 e sobram para o segundo paciente 3 opções.

Se o primeiro paciente escolher a hora 3 o segundo paciente não poderá escolher as horas 2 e 4 sobram para o segundo paciente 3 opções.

Se o primeiro paciente escolher a hora 4 o segundo paciente não poderá escolher as horas 3 e 5 sobram para o segundo paciente 3 opções.

Se o primeiro paciente escolher a hora 5 o segundo paciente não poderá escolher as horas 4 e 6 sobram para o segundo paciente 3 opções.

Se o primeiro paciente escolher a hora 6 o segundo paciente não poderá escolher a hora 5 e sobram para o segundo paciente 4 opções. O que nos dá um total de $3+4+4+4+4+3 = 22 \times 2 = 44$ possibilidades em que os pacientes A e B não se encontram em horas contíguas. Esta questão foi anulada no concurso.

Gabarito: **Item c**).

1.17 (IFRS - Edital/2009) (Q25)

Quantas são as possibilidades de distribuição de medalhas de ouro, prata e bronze em uma competição olímpica da qual participaram dez atletas?

(a) 234.

(b) 659.

(c) 729.

(d) 720.

(e) 798.

Sugestão de Solução.

Observe que, nesta situação, a ordem de distribuição das medalhas é importante, pois se tivermos os atletas A, B e C com medalhas de Ouro, Prata e Bronze temos uma possibilidade de distribuição das medalhas, se tivermos os mesmos atletas A, B e C com as medalhas Prata, Ouro e Bronze temos uma possibilidade de distribuição das medalhas diferente, logo a ordem é importante e temos um caso de arranjo simples, logo,

$$A_{10,3} = \frac{10!}{(10-3)!} = \frac{10!}{7!} = \frac{10 \times 9 \times 8 \times 7!}{7!} = 10 \times 9 \times 8 = 720$$

Gabarito: **Item d**).

1.18 (IFAL - Edital de 2010) (Q21)

De quantos modos podemos comprar 4 sorvetes em um bar que os oferece em 8 sabores distintos?

(a) 105.

(b) 180.
(c) 330.
(d) 320.
(e) 285.

Sugestão de Solução.

Podemos usar o princípio multiplicativo para analisar esta questão em suas diversas possibilidades.

Podemos comprar todos os sorvetes com o mesmo sabor, uma vez que a questão não colocou nenhuma restrição aos modos em que podemos comprar os sorvetes, logo,

$$8 \times 1 \times 1 \times 1 = 8.$$

Para o sabor do primeiro sorvete tenho 8 opções, mas para os demais, somente uma, já que todos devem ter o mesmo sabor. Assim, nesta situação, temos 8 modos diferentes de fazer a compra:

i) Podemos comprar 3 com o mesmo sabor e 1 de sabor diferente. Assim,

$$8 \times 1 \times 1 \times 7 = 56.$$

Temos 28 modos diferentes.

ii) Podemos comprar 2 com o mesmo sabor e 2 de sabores diferentes, de modo que

$$8 \times 1 \times C_{7,2} = 8 \times \frac{7!}{2! \times (7-2)!} = 8 \times 21 = 168.$$

Temos 168 modos diferentes.

iii) Podemos comprar 2 com o mesmo sabor e 2 de um mesmo sabor diferente, então,

$$8 \times 1 \times 7 \times 1 = 56 \div 2 = 28.$$

Temos 28 modos diferentes, dividimos por dois pois o grupo AABB não representa um modo diferente de compra do grupo BBAA.

iv) Podemos comprar 4 de sabores diferentes, assim:

$$C_{8,4} = \frac{8!}{4! \times (8-4)!} = 70.$$

Temos 70 modos diferentes.
No total temos

$$8 + 56 + 168 + 28 + 70 = 330.$$

Gabarito: **Item c)**.

1.19 (IFAL - Edital/2011) (8)

Considere um grupo de servidores do IFAL formado por 7 homens (entre os quais RICHARD) e 5 mulheres (entre as quais MARY), do qual se que formar uma banca de concurso constituída por 4 pessoas. O número de bancas formadas por 2 homens, entre os quais RICHARD, e 2 mulheres, mas sem incluir MARY, é:

(a) 120.
(b) 36.
(c) 30.
(d) 210.
(e) 18.

Sugestão de Solução.

Para a solução podemos aplicar o princípio multiplicativo considerando que a escolha dos membros da banca pode ser decomposta em etapas. Considere o conjunto {Richard, A, B, C, D, E, F, Mary, 1, 2, 3, 4} e exemplos de bancas tais como {Richard, A, 1, 2}, {Richard, B, 1, 3} e {Richard, A, 2, 1}.

Perceba que a primeira e a terceira banca diferem apenas pela ordem de seus elementos e não configuram bancas diferentes, bancas diferentes devem ter elementos de naturezas diferentes.

Para a escolha do primeiro membro da banca, supondo homem, temos uma opção já que RICHARD deverá participar das bancas:

$$1 \times \cdots \times \cdots \times \cdots =$$

Para a escolha do segundo membro da banca temos 6 opções, logo,

$$1 \times 6 \times \cdots \times \cdots =$$

Para a escolha dos outros dois membros da banca, sendo mulheres, temos uma combinação simples, já que devem diferir pela natureza de seus elementos, de 5 mulheres em grupos de 2, ou seja,

$$1 \times 6 \times C_{4,2} =$$

$$1 \times 6 \times \frac{4!}{2! \times (4-2)!} = 36.$$

Gabarito: **Item b).**

1.20 (IFAL - Edital/2011) (16)

Quantos números distintos podemos formar permutando-se todos os algarismos do número 1234567, de modo que o algarismo que ocupa o lugar de ordem k, da esquerda para a direita, é sempre maior que o elemento que ocupa o lugar de ordem $k - 3$?

(a) 5040.

(b) 2520.

(c) 24.

(d) 144.

(e) 210.

Sugestão de Solução.

Imagine uma matriz linha com 7 células a serem preenchidas com os números mencionados. A proposta da questão impõe ordem crescente nos números que ocupam três sequências diferentes de células, que são i) a primeira, a quarta e a sétima, ii) a segunda e a quinta, e iii) a terceira e a sexta, como segue:

Se essa hierarquia for obedecida, a exigência do autor será satisfeita. Para isso, precisamos escolher, de 7 números, 3 para as casas cinzas, sabendo que só há uma forma de dispor os números em ordem crescente. Em seguida, dos 4 números restantes, devemos escolher 2 para as casas assinaladas com retângulos e novamente dispô-los em ordem crescente. Por fim, terão sobrado somente 2 números que possuem somente uma configuração possível, ou seja:

$$N = \binom{7}{3} \cdot \binom{4}{2} \cdot 1 = \frac{7!}{3!\,4!} \frac{4!}{2!\,2!} = 210 \text{ possibilidades.}$$

Gabarito: **Item e).**

1.21 (IFAL - Edital 31/ 2014) (Q12)

Três amigos J, M e B chegam no mesmo dia para aproveitar as férias na ensolarada Maceió. Na cidade, existem 6 hotéis disponíveis. Sabendo que cada hotel tem pelo menos três vagas,
qual/quais das afirmações abaixo, referentes à forma em que os amigos podem ficar hospedados, é/são correta(s)?

I. Existe um total de 100 combinações.

II. Existe um total de 120 combinações se cada amigo pernoitar em um hotel diferente.

III. Existe um total de 30 combinações se duas e apenas duas pessoas pernoitam no mesmo hotel.

(a) Apenas a afirmação I.

(b) Apenas a afirmação II.

(c) Apenas a afirmação III.

(d) Apenas a afirmações II e III.

(e) Todas as afirmações.

Sugestão de Solução.

Este é um exemplo típico de questão de concurso público que pode ser resolvida mais rapidamente com o uso de uma estratégia inteligente. Comecemos pelo item II, que propõe cada amigo em um hotel diferente:

II. Admitamos o conjunto de base (coleção mais numerosa) como o conjunto dos hotéis,

$$H = \{H_1; H_2; H_3; H_4; H_5; H_6\}$$

E a upla de chegada será a upla de amigos tal que a abscissa é J, a ordenada é M e a cota é B,

$$A = (\_\_;\_\_;\_\_)$$

Deste modo, em cada coordenada irá entrar um hotel distinto sinalizando onde ficará hospedado cada amigo. Como são 6 candidatos para 3 vagas, a ordem dos hotéis na upla modifica a solução e como não se admite repetições de hotéis, calcularemos o número de arranjos simples:

$$N_2 = A_6^3 = \frac{6!}{(6-3)!} = 120 \text{ arranjos distintos.}$$

Uma leitura cuidadosa do enunciado nos permite perceber que ele menciona "120 combinações" o que, a rigor, está incorreto. Veremos, mais à frente que, para a solução bater com o gabarito oficial, o enunciado deveria ter falado em "120 agrupamentos" e, aí sim, a afirmação II estaria CORRETA!

Passemos, agora, para a afirmação III, que considera que exatamente duas pessoas pernoitam em um mesmo hotel e a terceira pessoa necessariamente irá para um hotel diferente:

III. Nesse caso, a solução mais rápida se dá via Princípio Multiplicativo. Como existem 6 hotéis, então há 6 maneiras diferentes de escolher o hotel onde se hospedará a dupla e, como a terceira pessoa ficará sozinha, só restarão, para ela, 5 opções. Porém existem 3 maneiras diferentes de escolher os grupos (a dupla e mais a pessoa que ficará sozinha). Sendo assim:

$$N_3 = 6 \times 5 \times 3 = 90 \text{ agrupamentos distintos.}$$

Deste modo, a afirmação III está INCORRETA!

Perceba que, a esta altura, já é possível concluir, por eliminação, que somente o item b pode estar correto, mesmo sem termos, ainda, analisado a afirmativa I.

Resposta: Item b).

■ **COMENTÁRIO:**

Analisando a afirmação I observamos que, para os 3 amigos

se hospedarem em 6 hotéis com fartura de vagas, existem três possibilidades mutuamente excludentes a serem contabilizadas:

$$N = \begin{pmatrix} \text{cada amigo} \\ \text{em um hotel} \\ \text{diferente} \end{pmatrix} \text{ ou } \begin{pmatrix} \text{2 amigos em um hotel} \\ \text{e outro amigo em um} \\ \text{hotel diferente} \end{pmatrix} \text{ ou } \begin{pmatrix} \text{os 3 amigos} \\ \text{no mesmo} \\ \text{hotel} \end{pmatrix}$$

Os dois primeiros casos já foram calculados e o terceiro caso vale obviamente 6, de modo que

$$N = 120 + 90 + 6 = 216 \text{ possibilidades.}$$

Repare que a afirmação I está INCORRETA, o que corrobora com o gabarito anterior e que, de fato, ordenando logicamente as afirmações, convém que esta seja analisada por último.

□

1.22 (IFAC - Edital 2012) (22)

Um hospital possui um grupo de 12 enfermeiros, dos quais 7 são mulheres. Para os plantões, são selecionados 4 profissionais. Quantos grupos distintos de plantonistas poderão ser formados de forma que haja ao menos uma mulher em cada um deles?

(a) 495.
(b) 490.
(c) 460.
(d) 210.
(e) 70.

Sugestão de Solução.

Neste caso, utilizaremos o Princípio da Exclusão para resolver o problema. Para isso, basta

Subtrair o número total de agrupamentos possíveis do número de grupos nos quais só aparecem homens:

$$N = \underbrace{\binom{12}{4}}_{\text{Todos os grupos possíveis}} - \underbrace{\binom{5}{4}}_{\text{Grupos onde só há homens}} = 495 - 5 = \underbrace{490}_{\text{Grupos com pelo menos uma mulher}}$$

Gabarito: **Item b)**.

1.23 (IFMT - Edital 22/2012) (24)

A quantidade máxima de retas que se pode formar com os vértices de um cubo é:

(a) 56.

(b) 15.

(c) 28.

(d) 30.

Sugestão de Solução.

Todo o cubo é formado por 8 vértices distintos e cada par de vértices necessariamente forma uma reta distinta, sendo assim, o número total de retas distintas será

$$N = \binom{8}{2} = \frac{8!}{2!\,6!} = 28 \text{ retas.}$$

Gabarito: **Item c)**.

1.24 (UFMT - Edital 2012) (23)

Qual o número máximo de regiões delimitadas por 5 retas no plano?

(a) 10.

(b) 12.

(c) 15.

(d) 16.

Sugestão de Solução.

Dizemos que retas no plano estão em posição geral quando não existem retas paralelas e não temos três ou mais retas concorrentes em um mesmo ponto.
Assim as retas:

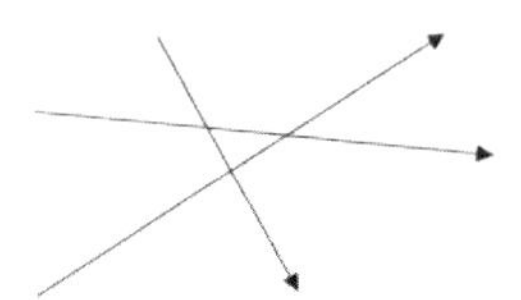

Estão em uma posição geral e as retas:

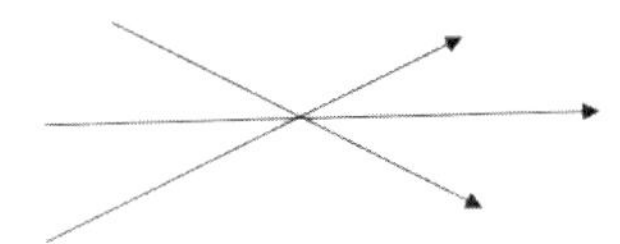

Não estão em posição geral.
Nesta situação o número máximo de regiões do plano que n retas determinam é dado pela fórmula:

$$n_{MAX} = \frac{n \times (n+1)}{2} + 1.$$

No caso de cinco retas temos que o número máximo de regiões é:

$$n_{MAX} = \frac{5 \times (5+1)}{2} + 1 = \frac{5 \times 6}{2} + 1 = \frac{30}{2} + 1 = 15 + 1 = 16.$$

Que corresponde a posição geral de cinco retas no plano:

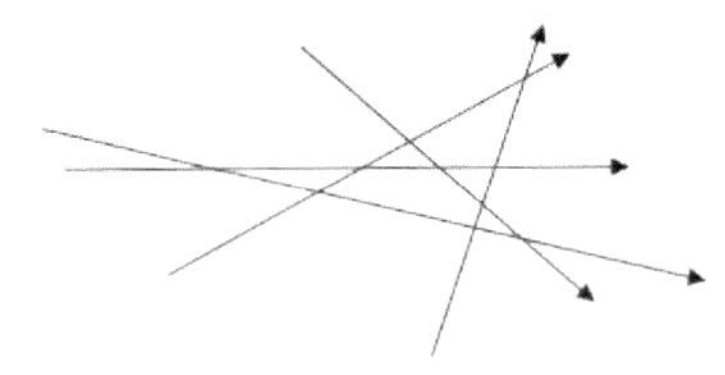

Gabarito: **Item d)**.

1.25 (IFRN - Edital 2012) (15)

Um professor dispões de 10 lápis iguais, 7 borrachas iguais e 12 canetas iguais que serão distribuídos com seus dois alunos monitores. A quantidade de maneiras distintas que esses objetos podem ser distribuídos entre esses dois alunos, de modo que cada um receba, pelo menos, 3 lápis, 2 borrachas e 4 canetas, é igual a

(a) 24.

(b) 29.

(c) 100.

(d) 840.

Sugestão de Solução.

A quantidade mínima é:

i) Aluno 1: 3 lápis; 2 borrachas; 4 canetas

ii) Aluno 2: 3 lápis; 2 borrachas; 4 canetas

Descontando essas quantidades, restam, para distribuir, **4 lápis**, **3 borrachas** e **4 canetas**. Considerando o aluno 1 na abscissa e o aluno 2 na ordenada, as possibilidades de distribuição são:

- Lápis: $(0;4),(1;3),(2;2),(3;1),(4;0)$
- Borrachas: $(0;3),\ (1;2),(2;1),(3;0)$
- Canetas: $(0;4),(1;3),(2;2),(3;1),(4;0)$

Utilizando o Princípio Multiplicativo, fazemos:

$$N = 5 \times 4 \times 5 = 100 \text{ formas diferentes de distribuir.}$$

Gabarito: **Item c)**

1.26 (IFRN - Edital 2006) (14)

Com os algarismos 1, 2, 3, 4 e 5, a quantidade de números de quatro algarismos distintos e divisíveis por seis que podemos formar é de:

(a) 20.

(b) 18.

(c) 16.

(d) 12.

Sugestão de Solução.

Os números divisíveis por seis devem ser divisíveis por dois e por três ao mesmo tempo, logo são números pares (divisíveis por dois) e cuja soma dos algarismos é divisível por três.

Assim temos números terminados em dois e números terminados em quatro.

1 - Números terminados em dois:

Com os algarismos 1,3,4 e 5 podemos formar números que somam:

$1 + 3 + 5 + 2 = 11$

$1 + 3 + 4 + 2 = 10$

$1 + 4 + 5 + 2 = 12$

$3 + 4 + 5 + 2 = 14$

Ou seja, são pares e divisíveis por três os números terminados em dois e cujos outros três algarismos são permutações de 1, 4 e 5, logo temos $3! = 6$ números divisíveis por 6 nesta situação.

2 - Números terminados em quatro:

Com os algarismos 1,2,3 e 5 podemos formar números que somam:

$1 + 2 + 3 + 4 = 10$

$1 + 2 + 5 + 4 = 12$

$2 + 3 + 5 + 4 = 14$

$3 + 1 + 5 + 4 = 13$

Ou seja, são pares e divisíveis por três os números terminados em quatro e cujos outros três algarismos são permutações de 1, 2 e 5, logo temos $3! = 6$ números divisíveis por 6 nesta situação.

No total temos 12 números divisíveis por seis.

Gabarito: **Item d)**.

1.27 (IFRN - Edital 2006) (15)

Sobre uma mesa, há dezenove bolas de bilhar, das quais dez são verdes, cinco são azuis e quatro são pretas. O número de modos diferentes que podemos enfileirar essas bolas de modo que duas da mesma cor não fiquem juntas é:

(a) 126.

(b) 2.880.

(c) 15.120.

(d) 48.620.

Sugestão de Solução.

A primeira coisa a observar é que, quando dispomos as bolas verdes na sequência de modo a não acontecerem duas bolas verdes consecutivas, necessariamente a sequência começará e terminará por uma bola verde, não há como ser diferente. Desta maneira, deve acontecer:

V_V_V_V_V_V_V_V_V_V

Preenchendo as lacunas com bolas azuis e com bolas pretas, um agrupamento possível, seria

VAVAVAVAVAVPVPVPVPV

Para obtermos todas as possibilidades, basta manter fixos os Vs e permutar os As e os Ps:

$$N = P_9^{5,4} = \frac{9!}{5!4!} = 126 \text{ modos diferentes.}$$

Gabarito: **Item a).**

1.28 (IFRN - Edital 2009) (10)

Um grupo de 54 estudantes matriculou-se em duas disciplinas: álgebra e cálculo. O número de matriculados em álgebra é sete vezes o número de matriculados em álgebra e cálculo. O número de estudantes matriculados nas duas disciplinas é metade dos que só se matriculam em cálculo. O número de estudantes matriculados nas duas disciplinas é metade dos que só se matricularam em cálculo. Então, o número de estudantes matriculados em uma única disciplina é

(a) 48.

(b) 42.

(c) 38.

(d) 36.

Sugestão de Solução.

Podemos representar os dados desta questão na forma de diagrama, ou seja,

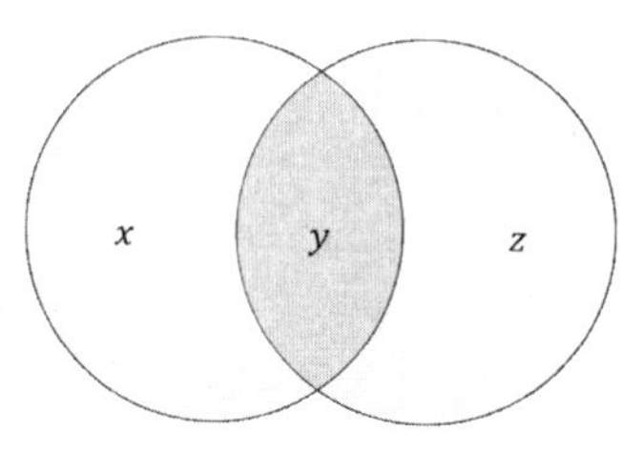

Onde x são os alunos matriculados em álgebra, z os alunos matriculados em cálculo e y os alunos matriculados nas duas disciplinas.
Como temos 54 estudantes então $x + y + z = 54$.
Sabemos que o número de matriculados em álgebra é sete vezes o número de matriculados em álgebra e cálculo, logo $x + y = 7y$.
Também sabemos que o número de estudantes matriculados nas duas disciplinas é metade dos que só se matriculam em cálculo, logo $y = z/2$.
Temos então as seguintes equações:

$$\begin{cases} x + y + z = 54 \\ x + y = 7y \rightarrow x = 6y \\ y = \dfrac{z}{2} \rightarrow z = 2y \end{cases}$$

Substituindo os valores temos

$$x + y + z = 54$$

$$6y + y + 2y = 54 \rightarrow 9y = 54 \rightarrow y = 6$$

A partir desse valor temos

$$x = 6y \rightarrow x = 6 \times 6 = 36$$

$$z = 2y \rightarrow z = 2 \times 6 = 12$$

Assim temos que o número de alunos matriculados em uma única disciplina é $x + z = 36 + 12 = 48$.
Gabarito: **Item a)**.

1.29 (IFRN - Edital 2009) (17)

Um tabuleiro quadrado apresenta 16 orifícios dispostos em 4 linhas e 4 colunas. Em cada orifício cabe uma única bola. O número de maneiras diferentes para colocarmos 4 bolas de modo que todos os orifícios ocupados não fiquem alinhados é de

(a) 1.536.

(b) 1.810.

(c) 2.315.

(d) 3.620.

Sugestão de Solução.

Um tabuleiro quadrado com 16 orifícios tem 4 orifícios em cada lado, ou seja;

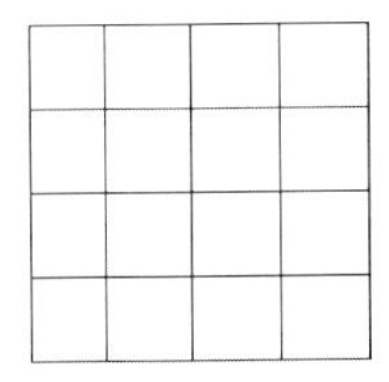

Perceba que, para colocarmos 4 bolas de forma que estas fiquem alinhadas, nós temos 10 maneiras diferentes que são as 4 linhas, as 4 colunas e as duas diagonais.

O total de maneiras de colocarmos as 4 bolas neste tabuleiro, em qualquer posição, é um caso de combinações simples, ou seja,

$$C_{16,4} = \frac{16!}{4! \times (16-4)!} = \frac{16!}{4! \times 12!} = 4 \times 5 \times 7 \times 13 = 1820.$$

Como queremos apenas as maneiras nas quais os orifícios ocupados não fiquem alinhados temos 1820 - 10 = 1810 maneiras diferentes.

Gabarito: **Item b**).

1.30 (IFMG SUDESTE - Edital 2019) (01)

Uma adolescente escolheu três cores de esmalte distintas para pintar as cinco unhas de uma de suas mãos, de modo que cada cor tem que ser usada pelo menos uma vez e cada unha será pintada de apenas uma cor.

É correto afirmar que o número de formas distintas de fazer essa escolha é

(a) 144.

(b) 147.

(c) 150.

(d) 240.

(e) 243.

Sugestão de Solução.

Considere o evento pintar as unhas de uma mão com 3 cores distintas como composto por etapas. Cada etapa consiste em escolher a cor e pintar um dos dedos.

Neste caso podemos usar o princípio multiplicativo para determinar o total de maneiras de pintar as unhas desse modo, ou seja,

$$3 \times 3 \times 3 \times 3 \times 3 = 3^5 = 243$$

Desse total vamos eliminas as maneiras de pintar as unhas usando apenas uma cor:

$$3 \times 1 \times 1 \times 1 \times 1 = 3$$

ou duas cores distintas:

$$2 \times 2 \times 2 \times 2 \times 2 = 2^5 = 32$$

Ao usarmos duas cores distintas do conjunto de 3 cores (A, B, C) temos 3 possibilidades para as 2 cores AB, AC e BC, logo o total de maneiras de pintar as unhas com duas cores distintas é de

$$32 \times 3 = 96.$$

Assim as maneiras de usar três cores de esmalte distintas para pintar as cinco unhas de uma de suas mãos, de modo que cada cor tem que ser usada pelo menos uma vez e cada unha será pintada de apenas uma cor é dada por

$$243 - 3 - 96 = 144.$$

Gabarito: **Item a)**.

1.31 (IFPB MATEMÁTICA - Edital 136/2011) (32)

Um grupo de turistas, formado por 6 mulheres e 4 homens, serão acomodados num ônibus em 10 poltronas previamente reservadas para o grupo. As poltronas estão dispostas em cinco filas consecutivas com duas poltronas cada, ficando uma ao lado da janela e outra ao lado do corredor. A distribuição dos turistas será feita de tal forma que, em cada fila, fiquem sempre pessoas do mesmo sexo e, em filas consecutivas, não se tenham duplas do mesmo sexo. Nestas condições, o número possível de se dispor essas pessoas levando em conta a possibilidade de viajar ou não na janela e desprezando-se outros fatores é igual a

(a) 18.240.
(b) 21.620.
(c) 10!
(d) 16.480.
(e) 17.280.

Sugestão de Solução.

Só existe uma sequência satisfatória para as filas: M; H; M; H; M:

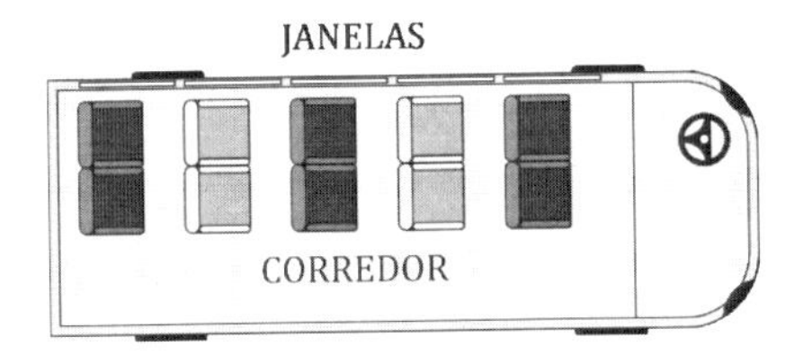

Neste caso, precisamos escolher, dentre 4 homens, 2 para a segunda fila e os que sobraram irão para a quarta fila. Para a primeira fila, de 6 mulheres, escolheremos 2 e dentre as 4 que sobrarem, escolheremos mais 2 para a terceira fila. As que sobrarem irão para a quinta fila. Deste modo, obteremos o número

$$\binom{4}{2} \cdot 1 \cdot \binom{6}{2} \cdot \binom{4}{2} \cdot 1.$$

Porém, para cada par de pessoas escolhidas, existe a possibilidade de ficar na janela ou no corredor, de modo que teremos:

$$N = \binom{4}{2} \cdot \binom{6}{2} \cdot \binom{4}{2} \cdot 2 \cdot 2 \cdot 2 \cdot 2 \cdot 2$$

$$N = 2^5 \cdot \frac{4!}{2!\,2!} \cdot \frac{6!}{2!\,4!} \cdot \frac{4!}{2!\,2!} = 17 \cdot 280 \text{ possibilidades.}$$

Gabarito: **Item e)**.

1.32 (IFPB MATEMÁTICA PROB. E ESTATÍSTICA - Edital 2012) (39)

Um professor passou uma lista de exercícios para os alunos fazerem em casa. Depois que as listas foram entregues ao professor, ele decidiu sortear alguns alunos para resolverem a questão no quadro. Para isso ele pegou a lista de 25 alunos da turma e numerou por ordem alfabética de 01 a 25, conforme pode ser vista a seguir:

01 Adriana	02 Alana	03 Amanda	04 Denis	05 Diogo
06 Eduardo	07 Fernando	08 Jéssica	09 Jussara	10 Kátia
11 Larissa	12 Lourdes	13. Manoela	14 Mariana	15 Marta
16 Osvaldo	17 Patrícia	18. Poliana	19 Rodrigo	20 Saulo
21 Tadeu	22 Tiago	23 Vanessa	24 Verônica	25 Walter

O professor resolve sortear uma amostra estratificada proporcional de cinco alunos, sem reposição, usando o sexo como variável estratificadora. Com isso, podemos dizer que o número de homens e de mulheres que irão compor essa amostra é, respectivamente:

(a) 1 e 4.

(b) 4 e 1.
(c) 2 e 3.
(d) 3 e 2.
(e) 0 e 5.

Sugestão de Solução.

Uma amostra estratificada proporcional deve refletir as proporções populacionais na amostra, logo devemos saber, em relação à variável escolhida, a distribuição proporcional desta na população, assim, usando a variável sexo temos a seguinte distribuição na população:

01 Adriana	**02 Alana**	**03 Amanda**	04 Denis	05 Diogo
06 Eduardo	07 Fernando	**08 Jéssica**	**09 Jussara**	**10 Kátia**
11 Larissa	**12 Lourdes**	**13. Manoela**	**14 Mariana**	**15 Marta**
16 Osvaldo	**17 Patrícia**	**18. Poliana**	19 Rodrigo	20 Saulo
21 Tadeu	22 Tiago	**23 Vanessa**	**24 Verônica**	25 Walter

	Quantidade	Percentual
Masculino	10	$\frac{10}{25} = 0,4 = 40\%$
Feminino	15	$\frac{15}{25} = 0,6 = 60\%$
Total	25	$1 = 100\%$

Em uma amostra de 5 alunos devemos ter 40% do sexo masculino e 60% do sexo feminino, logo 2 rapazes e 3 moças.

Gabarito: **Item c)**.

1.33 (IFPB MATEMÁTICA PROB. E ESTATÍSTICA - Edital 2012) (40)

Um professor passou uma lista de exercícios para os alunos fazerem em casa. Depois que as listas foram entregues ao professor, ele decidiu sortear alguns alunos para resolverem a questão no quadro. Para isso ele pegou a lista de 25 alunos da turma e numerou por ordem alfabética de 01 a 25, conforme pode ser vista a seguir:

01 Adriana	02 Alana	03 Amanda	04 Denis	05 Diogo
06 Eduardo	07 Fernando	08 Jéssica	09 Jussara	10 Kátia
11 Larissa	12 Lourdes	13. Manoela	14 Mariana	15 Marta
16 Osvaldo	17 Patrícia	18. Poliana	19 Rodrigo	20 Saulo
21 Tadeu	22 Tiago	23 Vanessa	24 Verônica	25 Walter

Suponha que ao invés da amostragem estratificada, o professor resolva sortear uma amostra sistemática. Com isso, no único sorteio necessário, o professor sorteou 1 dos 5 primeiros alunos da lista. Suponha que o aluno sorteado tenha sido o número 01 (Adriana). Portanto, podemos dizer que na amostra de 5 alunos sorteados, a quantidade de homens e mulheres é, respectivamente:

(a) 1 e 4.

(b) 2 e 3.

(c) 3 e 2.

(d) 4 e 1.

(e) 5 e 0.

Sugestão de Solução.

Uma amostra sistemática é um procedimento para selecionar elementos de uma população a partir de uma escolha inicial e, a partir desse ponto, ir selecionando elementos da população sistematicamente em um intervalo determinado.

O intervalo é dado por

$$k = \frac{N}{n},$$

onde N é o tamanho da população e n é o tamanho da amostra.

Neste caso, temos

$$k = \frac{25}{5} = 5.$$

A partir do primeiro elemento selecionado, Adriana = 1, temos a seguinte seleção: 1, 1 + 5 = 6, 6 + 5 = 11, 11 + 5 = 16, 16 + 5 = 21 que correspondem a

1 - Adriana

6 - Eduardo

11 - Larissa
16 - Osvaldo
21 - Tadeu, que formam um conjunto de 3 homens e 2 mulheres.
Gabarito: **Item c)**.

1.34 (IFSC - Matemática II, Edital 001/2009) (15)

No sistema decimal, quantos números inteiros de cinco algarismos (sem repetição) podemos escrever, de modo que os algarismos 0 (zero), 2 (dois) e 4 (quatro) apareçam agrupados? OBS: considerar somente números de 5 algarismos em que o primeiro algarismo é diferente de zero.

(a) $2^4 \cdot 3 \cdot 5$.
(b) $2^5 \cdot 3^2$.
(c) $2^5 \cdot 3 \cdot 7$.
(d) $2^5 \cdot 3^2 \cdot 5$.

Sugestão de solução.

Considerando os algarismos 0, 1, 2, 3, 4, 5, 6, 7, 8, e 9 e as informações da questão devemos formar números com cinco algarismos do tipo:

— — — — —

Onde os algarismos 0, 2 e 4 devem estar sempre juntos, assim temos:

— —024

Assim temos na verdade um número de três posições, sendo uma já preenchida pelo grupo 024.
Pelo princípio multiplicativo temos o seguinte total de números possíveis:

$$C_{7,2} \times P_3 \times P_3$$

Que corresponde à escolha dos outros dois números, a permutação dentro do grupo 024 e a permutação deste grupo nas três posições, logo temos:

$$\frac{7!}{2! \times (7-2)!} \times 3! \times 3! = \frac{7!}{2! \times 5!} \times 6 \times 6 = 7 \times 3 \times 3 \times 2 \times 3 \times 2 = 2^2 \times 3^3 \times 7$$

Como os números não podem começar com zero devemos subtrair deste total:

1 - No caso de 024__ __ :

$$A_{7,2} = \frac{7!}{(7-2)!} = \frac{7!}{5!} = 7 \times 6 = 7 \times 3 \times 2.$$

2 - No caso de 042__ __ :

$$A_{7,2} = \frac{7!}{(7-2)!} = \frac{7!}{5!} = 7 \times 6 = 7 \times 3 \times 2.$$

Assim temos um total de:

$$2^2 \times 3^3 \times 7 - 2 \times 7 \times 3 \times 2 = 2^2 \times 3^3 \times 7 - 2^2 \times 7 \times 3 =$$
$$= 2^2 \times 3 \times 7 \times (3^2 - 1) = 2^2 \times 3 \times 7 \times 8 = 2^2 \times 3 \times 7 \times 2^3 = 2^5 \times 3 \times 7.$$

Gabarito: **Item c)**.

1.35 (IFSC - Matemática II, Edital 001/2009 - Modificada) (17)

Consideremos p elementos distintos. Destaquemos k dentre eles. Quantos arranjos simples daqueles p elementos tomados n a n ($A_{p,n}$), podemos formar, de modo em que cada arranjo haja sempre, contíguos e em qualquer ordem de colocação, r ($r < n$) dos k elementos destacados?

OBS: $A_{p,k}$ é o número de arranjos simples de p elementos tomados k a k.

(a) $(n - r - 1) \cdot A_{k,r} = A_{p-k,n-r}$.

(b) $(n - r + 1) \cdot A_{k,r} = A_{p-k,n-k}$.

(c) $A_{r,k} \cdot A_{n-r,p-k} \cdot (n - r + 1)$.

(d) $(n + r - 1) \cdot A_{k,r} = (n + 1) \cdot A_{p-k,n-r}$.

(e) $A_{k,r} = A_{p-k,n-r} \cdot (n - r - 1)$.

Sugestão de Solução.

$$E = \{e_1; e_2; e_3; e_4; \ldots; e_p\} \to e_1; e_2; \ldots; e_k \;||\; \underbrace{e_{k+1}; e_{k+2}; \ldots; e_p}_{p-k \text{ elementos}}$$

1º) $\binom{k}{r} \cdot \binom{p-k}{n-r}$ k elementos

2º) Considerando os r elementos juntos:

$$\frac{r!}{(n-r+1)!}$$

3º) Total de possibilidades:

$$N = \binom{k}{r} \cdot \binom{p-k}{n-r} \cdot \frac{r!}{(n-r+1)!} = \left[\binom{k}{r} \cdot r!\right] \cdot \left[\binom{p-k}{n-r} \cdot (n-r)\right] \cdot (n-r+1)$$

$$\therefore \quad N = A_k^r . A_{p-k}^{n-r} \cdot (n-r+1)$$

Gabarito: **Item c)**.

1.36 (IFSC - Edital 2009) (24)

Se colocarmos em ordem crescente, todos os números de 5(cinco) algarismo distintos com 1, 3, 4, 6 e 7, a posição do número 6 1 4 7 3 será:

(a) 78º.

(b) 76º.

(c) 81º.

(d) 86º.

Sugestão de solução.

Colocando todos os números possíveis formados com 1, 3, 4, 6 e 7 em ordem crescente temos:

1 - Começados pelo algarismo 1:

1 _ _ _ _ temos $P_4 = 4! = 24$ números

2 - Começados pelo algarismo 3:

3 _ _ _ _ temos $P_4 = 4! = 24$ números

3 - Começados pelo algarismo 4:

4 _ _ _ _ temos $P_4 = 4! = 24$ números

4 - Começados com 613:

6 1 3 _ _ temos $P_2 = 2! = 2$ números (61347 e 61374)

Depois temos 61437 e 61473, logo a posição deste número é 24 + 24 +

$24 + 2 + 2 = 76$
Gabarito: **Item b)**.

1.37 (IFRO - Edital 2014) (43)

Em uma sala de aula, durante uma atividade de matemática, o professor pede para a aluna Maren que continue a sequência aritmética em voz alta e inicia assim $5, 8, 11 \ldots$ pedido para parar no 100º termo. Enquanto isso solicita para o aluno Quezia que continue a seguinte sequência também aritmética 3, 5, 7 ... e que pare no 100º termo. (lembrando que na sequência de Maren, 5 é o primeiro termo, 8 é o segundo termo, ... enquanto na sequência Quezia, 3 é o primeiro termo, 5 é o segundo termo, ...). Ao finalizar a atividade o professor pergunta aos seus alunos: – Qual é a quantidade de termos iguais nas duas sequências? Para se responder de forma correta, deveria aparecer como resposta o valor:

(a) 20.
(b) 24.
(c) 25.
(d) 27.
(e) 28.

Sugestão de solução.

Considere as seguintes sequências.

- Maren $= \{5, 8, 11, \ldots, m_{100}\}$,

onde temos uma P.A. de primeiro termo 5 e razão 3, sendo o seu centésimo termo dado por $m_{100} = m_1 + 99 \times r$ ou $m_{100} = 5 + 99 \times 3 = 5 + 297 = 302$.

- Quezia $= \{3, 5, 7, \ldots, m_{100}\}$, onde temos uma P.A. de primeiro termo 3 e razão 2, sendo o seu centésimo termo dado por $m_{100} = m_1 + 99 \times r$ ou $m_{100} = 3 + 99 \times 2 = 3 + 198 = 201$.

Os termos iguais nas duas sequências são:

$$M = \{5, 8, 11, 14, 17, 20, 23, 26, 29, 32, 35, 38, 41, \ldots, 302\}$$

$$Q = \{3, 5, 7, 9, 11, 13, 15, 17, 19, 21, 23, 25, 27, 29, \ldots, 201\}$$

$$M \cap Q = \{5, 11, 17, 23, 29, \ldots, a_n\}$$

Sendo a_n o último termo desta P.A. de primeiro termo 5 e razão 6 menor que 201, ou seja:

$$a_n = 5 + (n - 1) \times 6 < 201$$
$$(n - 1) \times 6 < 201 - 5$$
$$(n - 1) \times 6 < 196$$
$$(n - 1) < \frac{196}{6}$$
$$(n - 1) < 32,67$$
$$n < 32,67 + 1$$
$$n < 33,67.$$

O maior valor inteiro de n menor que 33,67 é 33.
Gabarito: **Nula**.

1.38 (AOCP - IFRO - Matemática, Edital 73/2021)

Quantos anagramas da palavra INSTITUTO possuem as vogais sempre juntas e as consoantes, também, sempre juntas?
(a) 240.
(b) 480.
(c) 362.880.
(d) 30.240.
(e) 960.
Sugestão de solução.
Se agruparmos as letras de acordo com as condições do exercício temos:

$$I - I - U - O - N - S - T - T - T$$

Neste caso temos duas permutações com repetição, ou seja:

$$P_4^2 \times P_5^3 \times 2 = 20 \times 12 \times 2 = 480.$$

Gabarito: **Item b**).

1.39 (IFAM - Matemática, Edital 2014) (Q47)

De quantas maneiras diferentes podemos dispor uma equipe de 5 alunos numa sala de aula que tem 10 carteiras?
(a) 3.628.800.
(b) 30.240.
(c) 500.
(d) 252.
(e) 120.

Sugestão de solução.
Trata-se de um caso de arranjos simples onde serão formados grupos de 5 carteiras diferentes em um conjunto de 10 carteiras, onde a ordem é importante, ou seja, a ordem em que os alunos são colocados nas carteiras forma um novo grupo, assim temos:

$$A_{10,5} = \frac{10!}{5!} = 30240.$$

Gabarito: **Item b)**.

1.40 (IFMS - Matemática, Edital 2016) (Q13)

Dados os números $\{1, 3, 5, 7e9\}$, quantos números de 5 (cinco) algarismos distintos podemos formar, de modo que os números 1 e 3 nunca fiquem juntos e os números 5 e 7 sempre ocupem posições lado a lado.
(a) 42.
(b) 24.
(c) 18.
(d) 28.
(e) 36.

Sugestão de solução.
De acordo com o exercício temos as seguintes possibilidades:

$$\begin{array}{lcl} 57\ldots\ldots\ldots & \to & 2 \text{ possibilidades} \\ \ldots 57\ldots\ldots & \to & 4 \text{ possibilidades} \\ \ldots\ldots 57\ldots & \to & 4 \text{ possibilidades} \end{array}$$

$$
\begin{array}{lcl}
\ldots\ldots\ldots 57 & \rightarrow & 2 \text{ possibilidades} \\
75\ldots\ldots\ldots & \rightarrow & 2 \text{ possibilidades} \\
\ldots 75\ldots\ldots & \rightarrow & 4 \text{ possibilidades} \\
\ldots\ldots 75\ldots & \rightarrow & 4 \text{ possibilidades} \\
\ldots\ldots\ldots 75 & \rightarrow & 2 \text{ possibilidades}
\end{array}
$$

Temos um total de

$$2+4+4+2+2+4+4+2 = 24 \quad \text{possibilidades.}$$

Gabarito: **Item b)**.

1.41 (IFMS - Matemática, Edital 2016) (Q14)

Uma pessoa possuía certo número de objetos. Agrupando-os 4 a 4, de modo que cada grupo possua pelo menos um objeto diferente do outro, obtém-se o mesmo número de grupos que se os agrupasse 6 a 6, de modo idêntico. Quantos objetos possuía?

(a) 4.
(b) 6.
(c) 8.
(d) 10.
(e) 12.

Sugestão de solução.

Como temos pelo menos um objeto diferente em cada grupo temos um caso de combinações, assim:

$$C_{n,4} = C_{n,6} \rightarrow \frac{n!}{4! \times (n-4)!} = \frac{n!}{6! \times (n-6)!},$$

$$\frac{n \times (n-1) \times (n-2) \times (n-3) \times (n-4)!}{4! \times (n-4)!} = \frac{n!}{6! \times (n-6)!},$$

$$\frac{n \times (n-1) \times (n-2) \times (n-3)}{4!}$$

$$= \frac{n \times (n-1) \times (n-2) \times (n-3) \times (n-4) \times (n-5) \times (n-6)!}{6! \times (n-6)!},$$

$$\frac{1}{4!} = \frac{(n-4)\times(n-5)}{6!},$$
$$\frac{6!}{4!} = (n-4)\times(n-5),$$
$$6\times 5 = (n-4)\times(n-5).$$

Temos uma equação de segundo grau dada por:

$$30 = n^2 - 9n + 20,$$
$$n^2 - 9n + 20 - 30 = 0,$$
$$n^2 - 9n - 10 = 0,$$
$$\Delta = (-9)^2 - 4\times 1\times(-10) = 121,$$
$$x = \frac{-(-9)\pm\sqrt{121}}{2\times 1} = \frac{9\pm 11}{2} \rightarrow x_1 = 10 \text{ e } x_2 = -1.$$

Logo $n = 10$.
Gabarito: **Item d)**.

1.42 (IFMS - Matemática, Edital 2016) (Q23)

Em um restaurante que serve refeições por quilo há 6 opções de pratos quentes (arroz com brócolis, lasanha de presunto e queijo, nhoque de espinafre, risoto de abóbora, penne quatro queijos e risoto de aspargo) e 4 opções de carnes (peixe, carne suína, frango e carne bovina). Quantas opções os clientes podem escolher montando o prato com 5 itens distintos, de sorte que contenha ao menos 2 opções de carnes?

(a) 252.

(b) 318.

(c) 120.

(d) 186.

(e) 116

Sugestão de solução.

De acordo com o exercício nós podemos ter 2 opções de carne ou 3 opções de carne ou 4 opções de carne.

Se tivermos 2 opções de carne teremos:

$$C_{4,2} \times C_{6,3} = \frac{4!}{2! \times (4-2)!} \times \frac{6!}{3! \times (6-3)!} = 6 \times 20 = 120.$$

Se tivermos 3 opções de carne teremos:

$$C_{4,3} \times C_{6,2} = \frac{4!}{3! \times (4-3)!} \times \frac{6!}{2! \times (6-2)!} = 4 \times 15 = 60.$$

Se tivermos 4 opções de carne teremos:

$$C_{4,4} \times C_{6,1} = \frac{4!}{4! \times (4-4)!} \times \frac{6!}{1! \times (6-1)!} = 1 \times 6 = 6.$$

Logo o total de opções é $120 + 60 + 6 = 186$.
Gabarito: **Item d)**.

1.43 (AOCP - IFBA - Matemática, Edital 04/2016)

Em uma aula de matemática, foi solicitada aos alunos a resolução do seguinte exercício: "Paula comprou um cofre e criou uma senha formada por 4 algarismos distintos. Lembrava-se apenas do primeiro, 8, e sabia que o algarismo 3 também fazia parte da senha. Qual é o número máximo de tentativas para ela abrir o cofre?". Percorrendo as carteiras, o professor verificou diferentes raciocínios combinatórios. Apresentamos, a seguir, cinco deles.

Aluno A: $A_{8,2} + C_{8,2}$.
Aluno B: $3A_{8,2}$.
Aluno C: $3C_{8,2}$.
Aluno D: $3P_8$.
Aluno E: $A_{8,2} \cdot C_{8,2}$.

Assinale a alternativa que indica o aluno que apresentou o raciocínio correto para a resolução da questão.

(a) Aluno A.
(b) Aluno B.
(c) Aluno C.

(d) Aluno D.
(e) Aluno E.

Sugestão de solução.

Como a senha começa com o número 8 e temos um número 3 nesta senha temos um caso de arranjos simples, onde a ordem é importante na criação de novas senhas assim temos as seguintes possibilidades:

$$8\ 3 \ldots\ldots$$
$$8 \ldots 3 \ldots$$
$$8 \ldots\ldots 3$$

Cujo total de possibilidade é dado por:

$$3 \times A_{8,2}.$$

Gabarito: **Item b**).

1.44 (AOCP - IFBA - Matemática, Edital 04/2016)

Na sequência crescente de todos os números obtidos, permutando-se os algarismos 1, 2, 3, 7, 8, a posição do número 78.312 é a

(a) 94ª.
(b) 95ª.
(c) 96ª.
(d) 97ª.
(e) 98ª.

Sugestão de solução.

Colocando todos os números que podemos formar com os algarismos 1,2,3,7 e 8 em ordem crescente temos:

Números que começam com 1:

$$1 \ldots\ \ldots\ \ldots\ \ldots \rightarrow P_4 = 4! = 24$$

Números que começam com 2:

$$2 \ldots\ \ldots\ \ldots\ \ldots \rightarrow P_4 = 4! = 24$$

Números que começam com 3:

$$3 \ldots \ldots \ldots \ldots \rightarrow P_4 = 4! = 24$$

Números que começam com 71:

$$7\ 1 \ldots \ldots \ldots \rightarrow P_3 = 3! = 6$$

Números que começam com 72:

$$7\ 2 \ldots \ldots \ldots \rightarrow P_3 = 3! = 6$$

Números que começam com 73

$$7\ 3 \ldots \ldots \ldots \rightarrow P_3 = 3! = 6$$

Números que começam com 781:

$$7\ 8\ 1 \ldots \ldots \rightarrow P_2 = 2! = 2$$

Números que começam com 782:

$$7\ 8\ 2 \ldots \ldots \rightarrow P_2 = 2! = 2$$

E finalmente o número 78312
Logo a posição do número 78312 em ordem crescente é:

$$24 + 24 + 24 + 6 + 6 + 6 + 2 + 2 + 1 = 95.$$

Gabarito: **Item b)**.

1.45 (IFSP - Edital 233/2015) (Q35)

Marcus Aurelius possui dez amigos, e pretende convidar três deles para passar o próximo final de semana em sua casa de praia. Sabendo que dois deles não podem estar presentes simultaneamente, pois são desafetos, o número de modos de se formar o grupo que passará o final de semana em sua casa de praia é:

(a) 112 maneiras.

(b) 120 maneiras.

(c) 45 maneiras.

(d) 56 maneiras.

(e) 128 maneiras.

Sugestão de Solução.

Considere três possibilidades de Aurelius convidar três de seus dez amigos para passar o final de semana na praia sabendo que entre eles temos os desafetos A e B.

Possibilidade 1: Um de seus convidados é o seu amigo A:
Nesse caso temos A mais dois amigos com exceção de B:

$$A - \ -$$

O que corresponde a uma combinação de oito elementos em grupos de dois elementos cada, ou seja:

$$C_{8,2} = \frac{8!}{2! \times (8-2)!} = \frac{8 \cdot 7 \cdot 6!}{2 \times 6!} = \frac{8 \cdot 7}{2} = \frac{56}{2} = 28.$$

Possibilidade 2: Um de seus convidados é o seu amigo B:
Nesse caso temos B mais dois amigos com exceção de A:

$$B - \ -$$

O que corresponde a uma combinação de oito elementos em grupos de dois elementos cada, ou seja:

$$C_{8,2} = \frac{8!}{2! \times (8-2)!} = \frac{8 \cdot 7 \cdot 6!}{2 \times 6!} = \frac{8 \cdot 7}{2} = \frac{56}{2} = 28.$$

Possibilidade 3: Entre os seus convidados não estão nem A e nem B:
Nesse caso temos três amigos entre oito possíveis sem restrições:

$$- \ - \ -$$

O que corresponde a uma combinação de oito elementos em grupos de três elementos cada, ou seja:

$$C_{8,3} = \frac{8!}{3! \times (8-3)!} = \frac{8 \cdot 7 \cdot 6 \cdot 5!}{3 \cdot 2 \times 5!} = \frac{8 \cdot 7 \cdot 6}{6} = 8 \cdot 7 = 56.$$

No total temos:

$$28 + 28 + 56 = 112 \text{ possibilidades.}$$

Gabarito: **Item a)**.

1.46 (IFSP - Edital 233/2015) (Q37)

Henrique comprou uma caixa de bombons contendo 12 unidades do mesmo tipo. Ele pretende distribuir estes bombons entre as suas três filhas. De quantas maneiras ele poderá distribuir os bombons, de modo que cada filha receba pelo menos dois?

(a) 220.
(b) 91.
(c) 55.
(d) 28.
(e) 14.

Sugestão de Solução.

Considere que temos doze unidades de bombons para distribuir entre três crianças que vão ser chamadas de A, B e C.

Cada uma dessas crianças deve receber pelo menos dois bombons, ou seja, inicialmente temos a seguinte situação:

$$A(2),\ B(2),\ C(2)$$

Assim temos ainda seis bombons para distribuir entre as três crianças em quantidades que podem variar, mas cuja soma é sempre seis, por exemplo:

$$A(2+2),\ B(2+2),\ C(2+2)$$

Ou:

$$A(2+2),\ B(2+1),\ C(2+3)$$

Em geral podemos representar esta situação da seguinte forma:

$$A(2+x),\ B(2+y),\ C(2+z) \text{ com } x+y+x=6$$

O número de maneiras possíveis em que esta distribuição pode ser feita é o conjunto das soluções inteiras e positivas da equação

$$x + y + z = 6$$

O número de soluções inteiras não negativas de uma equação linear do tipo:

$$a_1 + a_2 + a_3 + \cdots + a_n = p$$

É dado pela expressão:

$$C_{n+p-1}^{p} = \binom{n+p-1}{p} = \frac{(n+p-1)!}{p! \times (n-1)!}$$

Aplicando esta expressão temos:

$$C_{3+6-1}^{6} = \binom{3+6-1}{6} = \frac{(3+6-1)!}{6! \times (3-1)!} = \frac{8!}{6! \times 2!} = \frac{8 \cdot 7 \cdot 6!}{6! \cdot 2 \cdot 1} = \frac{56}{2} = 28$$

Gabarito: **Item d).**

1.47 (IFSP - Edital 233/2015) (Q42)

Um artesão dispõe de 4 tipos de pedras para formar uma gargantilha que deve ter 7 dessas pedras. De quantas maneiras ele pode fazer essa escolha?

(a) 28.

(b) 47.

(c) 210.

(d) 120.

(e) 840.

Sugestão de Solução.

O artesão pode usar cada uma das pedras A, B, C e D para colocar em 7 posições da gargantilha.

Algumas possibilidades são:

$$1\,A,\ 1\,B,\ 1\,C \text{ e } 4\,D$$

$$2\,A,\ 1\,B,\ 1\,C \text{ e } 3\,D$$
$$1\,A,\ 2\,B,\ 2\,C \text{ e } 2\,D$$
$$2\,A,\ 2\,B,\ 2\,C \text{ e } 1\,D$$

Observe que temos sempre a soma igual a 7, assim podemos associar a estas possibilidades a busca das soluções inteiras, positivas e não nulas de uma equação do tipo:

$$x + y + z + w = 7$$

Onde x, y, z e w seriam as quantidades de pedras de cada tipo a serem usadas na confecção da gargantilha.
Sabemos que o número de soluções inteiras não negativas de uma equação linear do tipo:

$$a_1 + a_2 + a_3 + \cdots + a_n = p$$

É dado pela expressão:

$$C_{n+p-1}^{p} = \binom{n+p-1}{p} = \frac{(n+p-1)!}{p! \times (n-1)!}.$$

Aplicando esta expressão temos:

$$C_{4+7-1}^{7} = \binom{4+7-1}{7} = \frac{(4+7-1)!}{7! \times (4-1)!} =$$

$$= \frac{10!}{7! \times 3!} = \frac{10 \times 9 \times 8 \times 7!}{7! \times 3 \times 2 \times 1} = \frac{10 \times 9 \times 8}{3 \times 2} = 5 \times 3 \times 8 = 120.$$

Gabarito: **Item d)**.

1.48 (IFSP - Edital Nº 728/2018) (Q30)

Uma empresa administra salas de bate papo para treinamento de idiomas. A regra dessas salas é que cada estudante deve falar com todos os outros, mas só pode falar com outro colega estudante em apenas um idioma. Se o estudante A conversar com o estudante B no idioma X, A e B manterão contanto nesse idioma apenas, porém o estudante A pode conversar com o estudante C em outra língua se assim desejar, no entanto, uma vez definido o idioma, o contato será apenas nesse idioma escolhido. A empresa verificou, nas salas de treinamento com exatamente dois idiomas, que todas as configurações com seis estudantes permitiam encontrar um trio que conversava entre si em um idioma. Em algumas salas com cinco estudantes eles não conseguiram encontrar esse mesmo fenômeno. A empresa, então, decidiu olhar para as salas de treinamento com exatamente três idiomas para ver se encontrava um trio que também conversava entre si em um idioma. Dadas as regras das salas, qual é o número mínimo de pessoas em uma sala com três idiomas para garantir que existam três estudantes que conversem entre si em um idioma?

(a) 15

(b) 16

(c) 17

(d) 18.

Sugestão de solução.

Considere o princípio das casas dos pombos, ou seja, se tivermos $n+1$ pombos para distribuir em n casas então pelo menos uma dessas casas terá mais de um pombo nela. Para que os alunos de uma sala conversem em 3 idiomas diferentes serão necessários 4 alunos, considere um grupo formado pelos alunos 1, 2, 3 e 4:

Os alunos 1 e 2 conversam no idioma A;

Os alunos 1 e 3 conversam no idioma B;

Os alunos 1 e 4 conversam no idioma C.

Considere agora um grupo formado pelos alunos 5, 6, 7 e 8:

Os alunos 5 e 6 conversam no idioma A;

Os alunos 5 e 7 conversam no idioma B;

Os alunos 5 e 8 conversam no idioma C:

Considere agora um grupo formado pelos alunos 9,10,11 e 12:

Os alunos 9 e 10 conversam no idioma A;

Os alunos 9 e 11 conversam no idioma B;
Os alunos 9 e 12 conversam no idioma C;
Considere agora o grupo formado pelos alunos 13,14,15 e 16:
Os alunos 13 e 14 conversam no idioma A;
Os alunos 13 e 15 conversam no idioma B;
Os alunos 13 e 16 conversam no idioma C.
Temos 16 alunos conversando entre si nos idiomas A, B e C.
Para garantir que teremos 3 alunos conversando em um mesmo idioma basta inserir mais um aluno nesta sala, pois pelo princípio das casas dos pombos teremos sempre um grupo de 3 alunos conversando em um mesmo idioma, logo o número mínimo de pessoas na sala para que isto aconteça é de 17 pessoas.
Gabarito: **Item c)**.

1.49 (IFRJ - EDITAL 80/2015)

Dado um número inteiro não negativo n e $p \varepsilon \{0, \ldots, n\}$, definimos o número binomial C_n^p por $\frac{n!}{p!(n-p)!}$, isto é, $C_n^p := \frac{n!}{p!(n-p)!}$.
Este quadro triangular infinito é formado pelos números binomiais da seguinte maneira: se contarmos as linhas e as colunas do quadro, começando em zero, o elemento da linha n, e coluna p é dado por C_n^p. Esse quadro é conhecido como Triângulo de Pascal (ou de Tartaglia ou Aritmético).

	0	1	2	3	4	...
0	C_0^0					
1	C_1^0	C_1^1				
2	C_2^0	C_2^1	C_2^2			
3	C_3^0	C_3^1	C_3^2	C_3^3		
4	C_4^0	C_4^1	C_4^2	C_4^3	C_4^4	
.	.	.	.	.		.
.	.	.	.	.		.
.	.	.	.	.		.

Com base nessas informações, desenvolva os questionamentos a seguir.

a) Dados $a, b \in \mathbb{R}$, desenvolva o binômio $(a - b)^8$.

b) Demonstre que, para todo inteiro não negativo n, a soma dos elementos da linha n do Triângulo de Pascal é igual a 2^n. Esse resultado é conhecido como Teorema de Linhas.

c) Tendo 9 tipos diferentes de frutas, quantas saladas distintas de frutas podem ser feitas contendo, no mínimo, 2 tipos diferentes de frutas? Considere que duas saladas de frutas são distintas uma da outra se, e só se, em uma delas é usado pelo menos um tipo de fruta que não é usado na outra.

Sugestão de Solução (IFRJ).

a) Temos que a linha 8 do triângulo de Pascal é dada por

$$C_8^0\ C_8^1\ C_8^2\ C_8^3\ C_8^4\ C_8^5\ C_8^6\ C_8^7\ C_8^8,$$

isto é,

$$1\ 8\ 28\ 56\ 70\ 56\ 28\ 8\ 1.$$

Aplicando o Binômio de Newton, obtemos

$$(a-b)^8 = a^8 - 8a^7b + 28a^6b^2 - 56a^5b^3 + 70a^4b^4 - 56a^3b^5 + 28a^2b^6 - 8ab^7 + b^8.$$

b)

Solução 1: Seja n um inteiro não negativo arbitrário. Queremos mostrar que $C_n^0 + C_n^1 + \cdots + C_n^{n-1} + C_n^n = 2^n$.

Note que C_n^p é o número de subconjuntos com p elementos do conjunto $A = \{1, 2, ..., n-1, n\}$. Então $C_n^0 + C_n^1 + \cdots + C_n^{n-1} + C_n^n$ é o número total de subconjuntos de A. Mas, para formar um subconjunto de A, marcamos cada elemento de A como escolhido para pertencer ao subconjunto ou como não escolhido para pertencer ao subconjunto. Como temos $2_1 \times 2_2 \times \cdots \times 2_{n-1} \times 2_n = 2^n$ modos de marcar os elementos, temos 2^n subconjuntos possíveis e, portanto,

$$C_n^0 + C_n^1 + \cdots + C_n^{n-1} + C_n^n = 2^n.$$

Solução 2: Pelo Binômio de Newton, para cada inteiro não negativo n, temos que

$$(a-b)^8 = C_n^0 a^n b^0 + C_n^1 a^{n-1} b^1 + \cdots + C_n^{n-1} a^1 b^{n-1} + C_n^n a^0 b^n$$

para todos $a, b \in A$. Em particular, a igualdade é válida para $a = 1$ e $b = 1$. Assim, para cada inteiro não negativo n,

$$\begin{aligned} 2^n &= (1+1)^n \\ &= C_n^0 1^n 1^0 + C_n^1 1^{n-1} 1^1 + \ldots + C_n^{n-1} 1^1 1^{n-1} + C_n^n 1^0 1^n \\ &= C_n^0 + C_n^1 + \ldots + C_n^{n-1} + C_n^n \end{aligned}$$

Solução 3: Considere $A = \{n \in \mathbb{N}; C_n^0 + C_n^1 + \cdots + C_n^{n-1} + C_n^n = 2^n\}$. Observe que $1 \in A$, pois $C_1^0 + C_1^1 = 1 + 1 = 2 = 2^1$.
Supondo, por hipótese de indução, que $n \in A$, temos que $C_n^0 + C_n^1 + \cdots + C_n^{n-1} + C_n^n = 2^n$. Lembre-se que a Relação de Stifel afirma que $C_{n+1}^p = C_n^{p-1} + C_n^p$ para todo inteiro positivo n e todo $p \in \{1, \ldots, n\}$. Daí,

$$\begin{aligned} C_{n+1}^0 + C_{n+1}^1 + \ldots + C_{n+1}^n + C_{n+1}^{n+1} &= 1 + (C_n^0 + C_n^1) + \ldots + (C_n^{n-1} + C_n^n) + 1 \\ = C_n^0 + C_n^0 + C_n^1 + \ldots + C_n^{n-1} + C_n^n + C_n^n &= (C_n^1 + \ldots + C_n^n) + (C_n^1 + \ldots + C_n^n) \\ &= 2^n + 2^n = 2 \times 2^n = 2^{n+1} \end{aligned}$$

e, portanto, $n + 1 \in A$. Pelo Princípio de Indução Finita, segue que $A = \mathbb{N}$ donde $C_n^0 + C_n^1 + \cdots + C_n^{n-1} + C_n^n = 2^n$ para todo $n \in \mathbb{N}$. Além disso, $C_0^0 = 1 = 2^0$. Logo, $C_n^0 + C_n^1 + \cdots + C_n^{n-1} + C_n^n = 2^n$ para todo inteiro não negativo n.
c) Para cada $p \in \{1, \ldots, 9\}$, a quantidade de maneiras de se fazer uma salada com p diferentes tipos de fruta é C_9^p. Assim, a quantidade de saladas contendo, no mínimo, 2 tipos diferentes de frutas é $C_9^2 + \cdots + C_n^9 = C_9^0 + \cdots + C_n^9 - C_9^0 - C_9^1 = 2^9 - 1 - 9 = 502$.

1.50 (AOCP - IBC - Matemática, Edital 04/2012)

Alberto abre sua geladeira e encontra 9 uvas, 3 maçãs, 4 bananas e 1 abacaxi. De quantos modos Alberto pode fazer sua refeição comendo pelo menos uma fruta e podendo comer até todas elas?
Não importa a ordem que Alberto comer as frutas)
(a) 399 modos.
(b) 400 modos.

(c) 107 modos.
(d) 108 modos.
(e) 109 modos.

Sugestão de solução.

De acordo com o exercício Alberto pode escolher quantas frutas vai comer de cada uma delas, assim, pelo princípio multiplicativo temos;
Para escolher quantas uvas comer: de 0 a 9 possibilidades = 10 possibilidades
Para escolher quantas maçãs comer: de 0 a 3 possibilidades = 4 possibilidades
Para escolher quantas bananas comer: de 0 a 4 possibilidades = 5 possibilidades
Para escolher quantos abacaxis comer: de 0 a 1 possibilidades = 2 possibilidades
Assim o total de possibilidades é dados por:

$$10 \times 4 \times 5 \times 2 = 400$$

Porém ele deve comer pelo menos uma fruta e com isso eliminamos a possibilidade de ele comer 0 de cada fruta, logo o resultado é:

$$400 - 1 = 399.$$

Gabarito: **Item a)**.

1.51 (AOCP - PREFEITURA DE CATU/BA - Matemática, Edital 005/2009)

Quantos anagramas podem ser formados com as letras da palavra PROFESSOR sendo que as letras PF devem ficar sempre juntas e nessa ordem?
(a) 5040.
(b) 10080.
(c) 20160.
(d) 40320.

(e) 362880.

Sugestão de solução.

Com os dados do exercício o par PF funciona como uma letra, assim temos uma permutação de 8 letras com repetição, logo:

$$P_8^{2,2} = \frac{8!}{2! \times 2!} = 10080.$$

Porém lembre-se que a ordem do par PF é importante, podemos ter PF ou FP, logo o total de anagramas na ordem PF é:

$$\frac{10080}{2} = 5040.$$

Gabarito: **Item a)**.

1.52 (Colégio Pedro II - Edital 37/2016) (Q17)

Em um concurso público, 7501 candidatos fizeram uma prova de 25 questões de múltipla escolha, com 4 alternativas por questão. Admita que todos os candidatos responderam a todas as questões. Considere a afirmação: "Pelo menos 6 candidatos responderam de modo idêntico às k primeiras questões da prova". O maior valor de k para o qual a afirmação é verdadeira é igual a

(a) 7.

(b) 6.

(c) 5.

(d) 4.

Sugestão de solução.

Primeiramente precisamos observar que cada questão pode ser resolvida de 4 maneiras diferentes, logo as primeiras k questões podem ser resolvidas de 4^k maneiras diferentes.

Por outro lado, utilizando o Princípio da Caixa dos Pombos (ou Princípio das Gavetas), podemos idealizar os candidatos como itens ou pombos e cada diferente combinação de respostas como recipientes ou caixas, de modo a concluirmos que se, para 7501 candidatos, as k

primeiras questões podem ser cobertas de todas as formas possíveis e ainda sobram 6 candidatos que inevitavelmente terão que repetir respostas já dadas, então o número de maneiras distintas possíveis de preencher tais questões é necessariamente o maior inteiro que se aproxima de 7501/6. Ou seja,

$$4^k < \frac{7501}{6}, \quad k \in \mathbb{Z}$$

Passando, dos dois lados, o logaritmo decimal, fica preservado o sentido da desigualdade:

$$\log_{10} 4^k < \log_{10}\left(\frac{7501}{6}\right),$$
$$k \cdot \log 4 < \log\left(\frac{7501}{6}\right),$$
$$k < \frac{\log\left(\frac{7501}{6}\right)}{\log 4}.$$

Aproximando valores,

$$k < \frac{3,096968}{0,602060}, \quad k \in \mathbb{Z}$$

Ou ainda, utilizando o operador piso,

$$k = \left\lfloor \frac{3,096968}{0,602060} \right\rfloor,$$
$$k = \lfloor 5,1440 \rfloor,$$
$$\therefore \quad k = 5 \text{ primeiras questões.}$$

Gabarito: **Item c**).

1.53 (Colégio Pedro II - Edital 23/2018) (Q11)

Oito bolas idênticas e de mesma cor devem ser distribuídas em três gavetas de mesmo tamanho e cores distintas, de forma que cada gaveta contenha, pelo menos, uma bola. As gavetas apresentam espaço para armazenar até cinco dessas bolas. O número de maneiras distintas de realizar esse armazenamento é

(a) 18.
(b) 21.
(c) 42.
(d) 56.

Sugestão de Solução.

Observe que temos diversas maneiras diferentes de armazenar essas 8 bolas nestas 3 gavetas levando em conta a capacidade de armazenamento de cada uma delas, que é de 5 unidades.

Chamando de x, y e z as quantidades de bolas em cada gaveta temos; $x + y + z = 8$ com $1 \leq x \leq 5$, $1 \leq y \leq 5$ e $1 \leq z \leq 5$.

Podemos organizar estas opções na forma de uma árvore de possibilidades.

Se $x = 1$:

1ª gaveta	2ª gaveta	3ª gaveta
1 ●	1 ●	6 ●●●●●●
1 ●	2 ●●	5 ●●●●●
1 ●	3 ●●●	4 ●●●●
1 ●	4 ●●●●	3 ●●●
1 ●	5 ●●●●●	2 ●●

Se $x = 2$:

1ª gaveta	2ª gaveta	3ª gaveta
5 ●●●●●	1 ●	2 ●●
5 ●●●●●	2 ●●	1 ●
5 ●●●●●	3 ●●●	0
5 ●●●●●	4 ●●●●	-1
5 ●●●●●	5 ●●●●●	-2

Se $x = 3$:

1ª gaveta	2ª gaveta	3ª gaveta
3 ●●●	1 ●	4 ●●●●
3 ●●●	2 ●●	3 ●●●
3 ●●●	3 ●●●	2 ●●
3 ●●●	4 ●●●●	1 ●
3 ●●●	5 ●●●●●	0

Se $x = 4$:

1ª gaveta	2ª gaveta	3ª gaveta
4 ●●●●	1 ●	3 ●●●
4 ●●●●	2 ●●	2 ●●
4 ●●●●	3 ●●●	1 ●
4 ●●●●	4 ●●●●	0
4 ●●●●	5 ●●●●●	-1

Se $x = 5$:

1ª gaveta	2ª gaveta	3ª gaveta
5 ●●●●●	1 ●	2 ●●
5 ●●●●●	2 ●●	1 ●
5 ●●●●●	3 ●●●	0
5 ●●●●●	4 ●●●●	-1
5 ●●●●●	5 ●●●●●	-2

Observe que nem todas as opções destas árvores de possibilidades são válidas, pois temos que respeitar o fato de que $x + y + z = 8$ e que a capacidade de armazenamento de cada gaveta é de 5 unidades, assim temos as seguintes possibilidades válidas:

$$\left\{\begin{matrix} 1, 2, 5), (13, 4), (1, 4, 3), (1, 5, 2), (2, 1, 5), (2, 2, 4), (2, 3, 3), (2, 4, 2), (2, 5, 1), \\ (3, 1, 4), (3, 2, 3), (3, 3, 2), (3, 4, 1), (4, 1, 3), (4, 2, 2), (4, 3, 1), (5, 1, 2), (5, 2, 1) \end{matrix}\right\}$$

Em um total de 18 possibilidades válidas.
Gabarito: **Item a)**.

1.54 (COPEVE/UFAL - IFAL Contador 2023) (Q15)

Todos os anos uma faculdade precisa realizar o processo de autoavaliação dos cursos oferecidos pela instituição. Para executar essa tarefa, essa faculdade designa uma comissão formada por um professor, um técnico e dois alunos para conduzir as atividades avaliativas dos cursos. Este ano, a faculdade conta com dois professores, três técnicos e cinco alunos disponíveis para compor a comissão de autoavaliação. De quantas maneiras possíveis essa comissão poderá ser formada?

(a) 24.
(b) 30.
(c) 60.
(d) 120.
(e) 150.

Sugestão de solução.

Para formar a comissão temos 2 professores, 3 técnicos e 5 alunos sendo que a comissão deve ter 1 professor, 1 técnico e 2 alunos, usando o princípio multiplicativo podemos ter um total de:

$$2 \times 3 \times C_{5,2} = 2 \times 3 \times \frac{5!}{2! \times (5-2)!} = 60.$$

Gabarito: **Item c)**.

1.55 (CEFETMINAS/IFB - Matemática Edital 2023-Modificada) (Q51)

Considere os números naturais menores que 10^4, cuja soma dos algarismos seja igual a 12 como, por exemplo, os números 84, 930 e 2415. Assim, a quantidade de tais números é igual a

(a) 415.
(b) 435.
(c) 455.
(d) 504.
(e) 576.

Sugestão de solução.

Este tipo de problema pode ser resolvido utilizando Combinações com Repetição, que se reduz a Permutações com Repetição, sobre um modelo construído com pontos e bastões ou setas.

No caso, se o número considerado tem a forma $a + b + c + d = 12$, com

$0 \leq a, b, c, d \leq 9$, então podemos representá-lo por 12 pontos e 3 setas, da seguinte forma:

$$\uparrow\uparrow \bullet\bullet\bullet\bullet\bullet\bullet\bullet\bullet \uparrow \bullet\bullet\bullet\bullet : 0084 = 84$$

$$\uparrow \bullet\bullet\bullet\bullet\bullet\bullet\bullet\bullet\bullet \uparrow \bullet\bullet\bullet : 0930 = 930$$

$$\bullet\bullet \uparrow \bullet\bullet\bullet\bullet \uparrow \bullet \uparrow \bullet\bullet\bullet\bullet\bullet : 2415 = 2415$$

Deste modo, o número total de 4-uplas com soma 12 vale: $P_{15}^{12,3}$ Contudo, os valores 10, 11 e 12 não servem como dígito e devem ser excluídos em ambos os extremos da sequência:

$$\bullet\bullet\bullet\bullet\bullet\bullet\bullet\bullet\bullet\bullet \uparrow \bullet\bullet \uparrow\uparrow : a = 10$$

Todas as permutações das três setas e dos dois pontos geram resultados inválidos, tanto no extremo esquerdo quanto no extremo direito da sequência:

$$N = P_{15}^{12,3} - 2 \cdot P_{5}^{3,2}.$$

$$N = \frac{15!}{12!\,3!} - 2 \cdot \frac{5!}{3!\,2!} = 455 - 20.$$

$$N = 435 \text{ números.}$$

Gabarito Oficial: **Item b)**.

1.56 (CEFETMINAS/IFB - Matemática Edital 2023) (Q52)

Durante o intervalo de uma aula um estudante foi à lanchonete para comprar três pastéis. Ao chegar lá observou que, para o mesmo pastel, existiam 5 tipos de recheios. Assim, o número de maneiras distintas que esse estudante pode realizar esse pedido é igual a

(a) 125.

(b) 60.

(c) 35.

(d) 15.

(e) 10.

Sugestão de solução.
Com os dados do exercício podemos ter as seguintes possibilidades:
Todos os 3 pastéis têm o mesmo recheio: 5 possibilidades
2 dos 3 pastéis têm o mesmo recheio: $5 \times 4 = 20$ possibilidades
Todos os pastéis têm recheios diferentes: $C_{5,3} = \frac{5!}{3! \times (5-3)!} = 10$ possibilidades.
No total temos:

$$5 + 20 + 10 = 35 \text{ possibilidades.}$$

Gabarito: **Item c)**.

1.57 (CEFETMINAS/IFB - Matemática Edital 2023) (Q53)

Considere que os pontos $P_1, P_2, P_3, \ldots, P_{12}$ sejam os vértices de um dodecágono regular. Desses pontos, três serão escolhidos ao acaso para serem os vértices de um triângulo. Sendo assim, é correto afirmar que a probabilidade de o triângulo formado ser retângulo ou que um de seus vértices seja o ponto P_1

(a) é menor que 45%.
(b) está entre 45% e 55%.
(c) está entre 55% e 65%.
(d) está entre 65% e 75%.
(e) é maior que 75%.

Sugestão de solução.
De acordo com os dados do problema se tivermos um dodecágono inscrito em uma circunferência os triângulos retângulos são formados a partir dos diâmetros, ou seja:

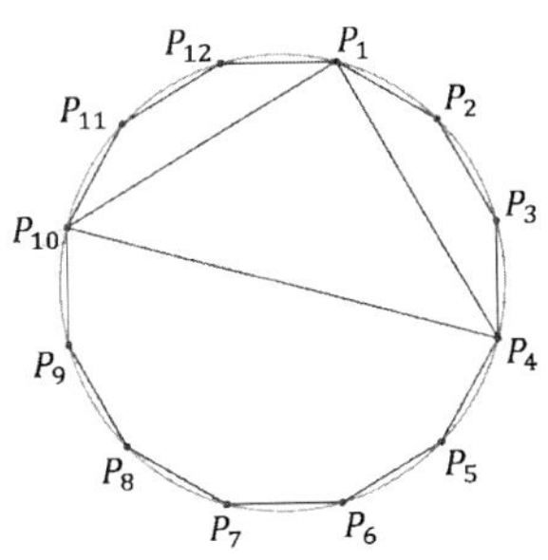

Para cada diâmetro temos 5 triângulos retângulos na parte superior e 5 na parte inferior, como temos os diâmetros $P_1P_7, P_2P_8, P_3P_9, P_4P_{10}, P_5P_{11}$ e P_6P_{12} temos um total de $6 \times 10 = 60$ triângulos retângulos.
Os triângulos com vértice no ponto P_1 podem ser obtidos a partir das diagonais que partem de P_1.

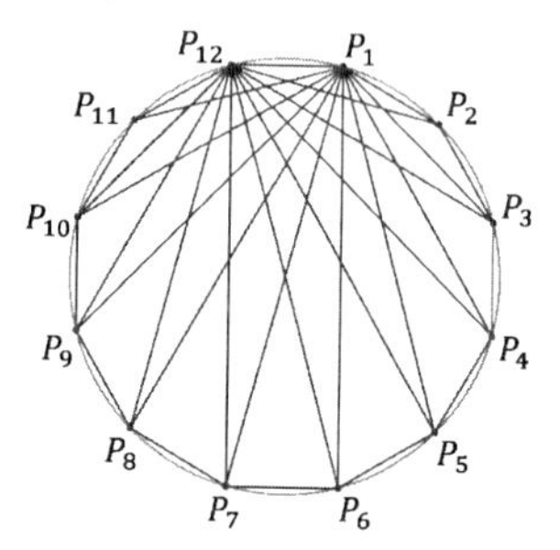

Partindo de P_1 podemos formar os triângulos com vértices 1,2,12; 1,3,12; 1,4,12; 1,5,12; 1,6,12; 1,7,12; 1,8,12; 1,9,12; 1,10,12 e 1,11,12, temos assim:

$$1 \times 10 \times 1 = 10 \text{ triângulos.}$$

Observe que a cada conjunto de diagonais temos triângulos repetidos, por exemplo partindo de P_1 temos 1,2,11; 1,3,11; 1,4,11; 1,5,11; 1,6,11; 1,7,11; 1,8,11; 1,9,11; 1,10,11; 1,12,11, sendo este último repetido, assim temos:

$$1 \times 9 \times 1 = 9 \text{ triângulos.}$$

Seguindo este raciocínio temos um total de:

$$10 + 9 + 8 + 7 + 6 + 5 + 4 + 3 + 2 + 1 = 55 \text{ triângulos.}$$

A escolha de 3 pontos quais quer ao acaso entre os 12 vértices do decágono gera um total de:

$$C_{12,3} = \frac{12!}{3! \times (12-3)!} = \frac{12 \times 11 \times 10 \times 9!}{3 \times 2 \times 9!} = 220 \text{ possibilidades.}$$

Assim a probabilidade pedida é de:

$$P(A) = \frac{55 + 60}{220} = \frac{105}{220} \cong 48\%.$$

Gabarito: **Item b)**.

1.58 (UFG/IFGO - Arquivista Edital 2022) (Q24)

A Federação Internacional de Futebol (Fifa) anunciou que as seleções nacionais poderão convocar até 26 jogadores para a edição da Copa do Mundo masculina de futebol de 2022.

Suponha que para uma seleção:

I. sejam convocados 3 goleiros, 8 defensores, 8 meio campistas e 7 atacantes.

II. o técnico sempre monta times usando o esquema tático 4-3-3 (formado por 1 goleiro, 4 defensores, 3 meio-campistas e 3 atacantes).

III. os 6 principais jogadores (1 goleiro, 2 defensores, 2 meio campistas e 1 atacante) são sempre escalados.

Quantos times distintos com uso do esquema 4-3-3, incluindo os 6 principais jogadores e com todos os jogadores nas suas correspondentes posições, podem ser montados pelo técnico dessa seleção?

(a) 1.350.

(b) 4.704.

(c) 5.400.

(d) 18.816.

Sugestão de solução.

De acordo com os dados do exercício temos 3 goleiros, 8 defensores, 8 meio campistas e 7 atacantes para montar um esquema de jogo 4-3-3 que inclua os seus principais jogadores que são 1 goleiro, 2 defensores, 2 meio campistas e 1 atacante.

Usando o princípio multiplicativo temos que:

Para a escolha do goleiro:

$$1 \text{ opção}$$

Para a escolha dos defensores:

$$1 \times 1 \times C_{6,2} = \frac{6!}{2! \times (6-2)!} = 15.$$

Para a escolha de um meio campista:

$$1 \times 1 \times 6 = 6.$$

Para a escolha de um atacante:

$$1 \times C_{6,2} = \frac{6!}{2! \times (6-2)!} = 15.$$

No total temos:

$$1 \times 15 \times 6 \times 15 = 1350.$$

Gabarito: **Item a)**.

1.59 (AOCP/IFRO - Assistente de Administração Edital 2022) (Q12)

Ao permutar os algarismos do conjunto $A = \{1, 2, 3, 4, 5\}$ sem os repetir, formamos 120 números de 5 algarismos. Escrevendo esses números em ordem decrescente, qual ocupará a 83ª posição?

(a) 24.135.
(b) 42.513.
(c) 42.531.
(d) 23.451.
(e) 24.153.

Sugestão de solução.

Colocando em ordem decrescente temos as seguintes quantidades:
Números começados com 5:

$$5 \;\ldots\;\ldots\;\ldots\;\ldots \rightarrow P_4 = 4! = 24.$$

Números começados com 4:

$$4 \;\ldots\;\ldots\;\ldots\;\ldots \rightarrow P_4 = 4! = 24.$$

Números começados com 3:

$$3 \;\ldots\;\ldots\;\ldots\;\ldots \rightarrow P_4 = 4! = 24.$$

Números começados com 2 5:

$$2\;5 \;\ldots\;\ldots\;\ldots \rightarrow P_3 = 3! = 6.$$

Números começados com 2 4:

$$2\ 4\ \ldots\ \ldots\ \ldots \rightarrow P_3 = 3! = 6.$$

Temos até este ponto um total de:

$$24 + 24 + 24 + 6 + 6 = 84.$$

O menor deles é 24135 ocupando a posição 84 e o que ocupa a posição 83 é 241513.
Gabarito: **Item e)**.

1.60 (IDECAN/IFPA - Assistente de Administração Edital 2022) (Q88)

Em uma corrida de rua com 50 participantes inscritos com as numerações de 1 a 50 ficaram nos três primeiros lugares os atletas cuja soma das inscrições era um número par. Nesta corrida, os três primeiros eram considerados os campeões e recebiam a mesma premiação, independente da ordem. Assinale a alternativa que apresenta de quantas maneiras essa situação pode acontecer.
(a) 9800.
(b) 7500.
(c) 25.
(d) 300.
Sugestão de solução.
Considere um número par do tipo 2n e um número ímpar do tipo 2n+1
A soma de três números terá a seguinte combinação:
1) par + par + par

$$2n + 2n + 2n = 6n = 2 \times 3n = 3k \rightarrow \text{par}.$$

2) par + par + ímpar

$$2n + 2n + 2n + 1 = 6n + 1 = 2 \times 3n + 1 = 2k + 1 \rightarrow \text{ímpar}.$$

3) par + ímpar + ímpar

$$2n + 2n + 1 + 2n + 1 = 6n + 2 = 2 \times (3n + 1) = 2k \rightarrow \text{par.}$$

4) ímpar + ímpar + ímpar

$$2n + 1 + 2n + 1 + 2n + 1 = 6n + 2 + 1 = 2 \times (3n + 1) + 1 = 2k + 1 \rightarrow \text{ímpar.}$$

Logo temos duas possibilidades:
1) par + par + par, cujo número de maneiras de acontecer é dado por:

$$C_{25,3} = \frac{25!}{3! \times (25 - 3)!} = \frac{25 \times 24 \times 23 \times 22!}{3 \times 2 \times 1 \times 22!} = 25 \times 4 \times 23 = 2300.$$

2) par + ímpar + ímpar, cujo número de maneiras de acontecer é dado por:

$$25 \times C_{25,2} = 25 \times \frac{25!}{2! \times (25 - 2)!} = 25 \times \frac{25 \times 24 \times 23!}{2 \times 1 \times 23!} = 25 \times 25 \times 12 = 7500.$$

Logo temos um total de $2300 + 7500 = 9800$ maneiras diferentes dessa situação ocorrer.
Gabarito: **Item a**).

2. *Probabilidades*

EXPERIMENTO ALEATÓRIO:
Todo o processo que produz um resultado elementar afetado pela incerteza (ou seja, imprevisível).
Esse resultado elementar pode ser unidimensional, bidimensional ou multidimensional, dependendo do número de **extrações** necessário para caracterizá-lo.
#Exemplo: No lançamento de um dado comum há seis resultados elementares unidimensionais: $1, 2, 3, 4, 5$ e 6. Todavia, no lançamento de dois dados comuns simultaneamente, cada resultado elementar demanda duas extrações e, portanto, é bidimensional: $(1; 1), (1; 2), \ldots, (6; 6)$.
E.A.: ω_k
Sempre que, dentro de um modelo probabilístico, o experimento aleatório é realizado e contabilizado várias vezes, ele costuma ser chamado de **ensaio (experimental aleatório)**.
PONTO AMOSTRAL:
Todo o resultado elementar de um experimento aleatório.

$$\Omega \xrightarrow{E.A.} \omega_i \quad , \quad 1 \leq i \leq n$$

ESPAÇO AMOSTRAL:
Conjunto de todos os pontos amostrais associados a um dado experimento aleatório.

$$\Omega = \{\omega_1; \omega_2; \ldots; \ \omega_n\}$$

EVENTO FAVORÁVEL:

Todo o subconjunto do Espaço Amostral (Espaço de Amostras) que é de interesse do estatístico.

$$E \subseteq \Omega$$

OCORRÊNCIA DE UM EVENTO ALEATÓRIO:

Diz-se que um evento aleatório E *ocorreu* se e somente se algum de seus pontos amostrais foi obtido no experimento aleatório em questão.

E.A.: ω_k

Se $\omega_k \in E$, então E ocorreu.

DEFINIÇÃO DE PROBABILIDADE:

Existem quatro abordagens tradicionais para o conceito de probabilidade:

Abordagem Clássica (Abordagem Laplaciana ou *a priori*):

Baseada na relação entre as cardinalidades de E e de Ω.

Abordagem Frequencista (Abordagem empírica ou *a posteriori*):

Baseada na convergência da frequência relativa do evento favorável. Pressupõe que o experimento aleatório em questão pode ser executado infinitas vezes.

Abordagem Subjetiva:

Baseada na ponderação das variáveis aleatórias, ajustadas às evidências experimentais. Durante o século XX, foi muito utilizada dentro da medicina em virtude do fracasso dos modelos clássico e frequencista.

Abordagem Axiomática (ou de Kolmogórov):

Baseada nos três/quatro axiomas de Kolmogórov. Representa a abordagem mais ampla e mais rigorosa de todas, pois se fundamenta na Teoria dos Conjuntos de Cantor e na Análise Real (Teoria da Medida).

Sempre que se fala em concursos públicos, diz-se que a definição clássica costuma suprir bem todas as necessidades:

►**Def:** Seja Ω um espaço de amostras *finito* ou então *infinito e enumerável* e seja $E \subseteq \Omega$ um evento aleatório de interesse, então chamamos probabilidade (da ocorrência) de E ao número $p(E)$ tal que

$$p(E) = \frac{\#E}{\#\Omega}$$

onde # (cardinalidade) conta o número de elementos do conjunto associado ao evento aleatório considerado.

EVENTOS EQUIPROVÁVEIS:

São aqueles que tendem a acontecer o mesmo percentual de vezes à medida que o número de ensaios tende a infinito. Ou seja, são aqueles cujas *frequências relativas convergem* para os mesmos valores à medida que o número de ensaios aumenta.

EVENTOS CERTOS E EVENTOS IMPOSSÍVEIS:

Suponha o seguinte problema: dado o intervalo fechado $[0;1]$, qual a probabilidade de nós escolhermos aleatoriamente um número real e ele ser inteiro?

Perceba que

$\#E = 2$ *números* (os dois extremos do intervalo);

$\#\Omega = +\infty$ *números* (todos os números reais do intervalo).

Então,

$$p(E) = \frac{\#E}{\#\Omega} = \frac{2}{\infty} \therefore \quad p(E) = 0 \text{ (zero)}.$$

O evento possui probabilidade zero, porém não é impossível!!! Isso acontece porque o espaço amostral considerado é infinito. Conclusão:

i) Sempre que o espaço amostral considerado Ω for *finito* e $p(E) = 0$, diz-se que o evento aleatório E é um **evento impossível**;

ii) Sempre que o espaço amostral considerado Ω for *finito* e $p(E) = 1$, diz-se que o evento aleatório E é um **evento certo.**

EVENTOS MUTUAMENTE EXCLUSIVOS:

Dois eventos aleatórios E e F são mutuamente excludentes (ou mutuamente exclusivos) se e somente se os conjuntos a eles associados são disjuntos, ou seja: $E \cap F = \emptyset$.

Vale a pena sublinhar que nós podemos entender matematicamente um *evento aleatório* como sendo um *conjunto* afetado pela incerteza.

EVENTOS COLETIVAMENTE EXAUSTIVOS:

Dois eventos aleatórios E e F são coletivamente exaustivos (ou exaustivos) se e somente se os conjuntos a eles associados são complementares, ou seja: $E \cup F = \Omega$.

OS QUATRO DESDOBRAMENTOS FUNDAMENTAIS DAS PROBABILIDADES:

i) $P(\overline{E}) = 1 - P(E)$

ii) $P(F - E) = P(F) - P(F \cap E)$

iii) $P(F \cup E) = P(F) + P(E) - P(F \cap E)$

iv) $P(F \cap E) = P(F).P(E|F)$

LEIS DE MORGAN:

i) Primeira Lei de Morgan: $\overline{E \cup F} = \overline{E} \cap \overline{F}$

ii) Segunda Lei de Morgan: $\overline{E \cap F} = \overline{E} \cup \overline{F}$

PROBABILIDADE CONDICIONAL:

$$P(E|F) = \frac{P(E \cap F)}{P(F)}$$

E : Evento incerto (afetado pela incerteza);

F : Evento certo (ou espaço amostral reduzido).

Na prática, esse tipo de probabilidade representa uma atualização para a probabilidade incondicional $P(E)$.

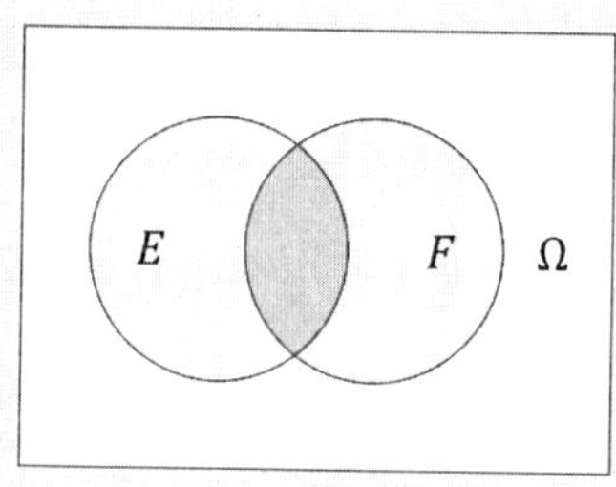

EVENTOS INDEPENDENTES:

Dois eventos aleatórios E e F são ditos independentes sempre que a ocorrência de um deles não modifica a probabilidade da ocorrência do outro.

Nesse caso, as três sentenças matemáticas abaixo são inteiramente equivalentes e podem ser tomadas, de forma isolada, como formas diferentes de definir independência de eventos:

i) $p(E \cap F) = p(E).p(F)$

ii) $p\left(F|E\right) = p(F)$

iii) $p\left(F|\overline{E}\right) = p(F)$

TEOREMA DA PROBABILIDADE TOTAL:

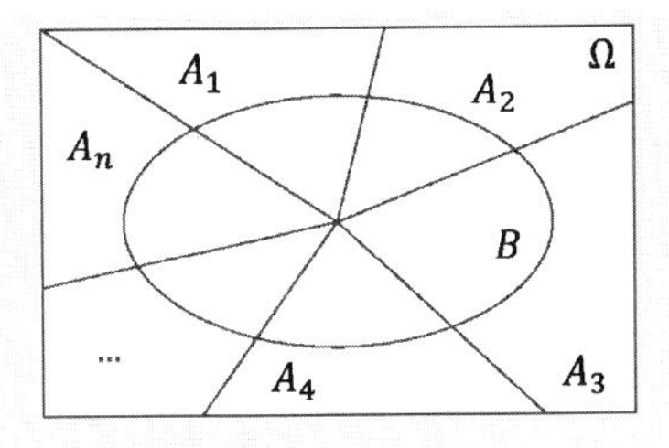

$$P(B) = P(A_1) \cdot P(B|A_1) + P(A_2) \cdot P(B|A_2) + \cdots + P(A_n) \cdot P(B|A_n)$$

Nomenclatura alternativa:
i) A_i = *Evento parte*;
ii) B = *Sobre - evento.*

TEOREMA/REGRA DE BAYES:

$$P(A_i|B) = \frac{P(A_i) \cdot P(B|A_i)}{P(A_1) \cdot P(B|A_1) + \cdots + P(A_n) \cdot P(B|A_n)}$$

$P(A_i|B)$ = Probabilidades *a posteriori*;
$P(A_i)$ = Probabilidades *a priori*;
$P(B|A_i)$ = Verossimilhanças.

Em 1837, Augustus de Morgan (1806-1871) apelidou esse resultado de *Teoria da Probabilidade Inversa*, pois ele costuma ser utilizado pala calcular as causas de um processo a partir dos seus efeitos.

DISTRIBUIÇÕES DE PROBABILIDADES

Sempre que nos interessamos em calcular não o valor particular de probabilidade de um evento dado, mas todo um espaço de soluções contendo as probabilidades de toda uma coleção de eventos aleatórios de interesse dentro do espaço de amostras, então nós construímos uma distribuição de probabilidades. Neste caso, o evento aleatório favorável não será mais fixo, mas variável. Sendo assim, precisamos definir, antes de qualquer coisa, o conceito de **variável aleatória**, que nos permitirá percorrer toda a coleção de eventos de interesse.

VARIÁVEL ALEATÓRIA

Toda a grandeza mensurável cujo valor está afetado pela incerteza. Matematicamente, define-se como segue:

►**Def:** Variável aleatória é uma função que associa um número real a cada resultado de um experimento aleatório.

$$X : \Omega \to \mathbb{R}$$

Isso equivale a tomar cada ponto amostral de Ω em separado como um possível evento favorável e associar a ele um número, que será utilizado para calcular as probabilidades desejadas. Costumamos representar uma v.a. por uma letra maiúscula terminal do alfabeto ocidental, como X, Y ou W.

Uma vez escolhida a variável aleatória de interesse, resta determinar como ela está distribuída. Existem dois tipos fundamentais de distribuição de probabilidades, as distribuições discretas, quando a imagem da v.a. pertence ao anel dos números inteiros (grandezas que a gente conta), e as distribuições contínuas, quando a imagem da v.a. pertence ao corpo dos números reais (grandezas que a gente mede). A principal distribuição discreta que existe é a *distribuição binomial* e a principal distribuição contínua que existe é a *distribuição normal* (ou gaussiana).

MÉTODO BINOMIAL:

Utilizamos o método binomial ou experimento binomial sempre que lidamos com um experimento aleatório baseado na repetição de eventos independentes. Nesse caso, a probabilidade da intersecção dos eventos será obtida através do simples produto das probabilidades incondicionais envolvidas.

#Exemplo: Se a probabilidade de chover em uma certa localidade permanecer constante ao longo de uma semana e for 1/5, a probabilidade de haver exatamente três dias com chuva será de:

$$P(X=3) = \overbrace{\left(\frac{1}{5}\right)^3\left(\frac{4}{5}\right)^4 + \left(\frac{1}{5}\right)^3\left(\frac{4}{5}\right)^4 + \ldots + \left(\frac{1}{5}\right)^3\left(\frac{4}{5}\right)^4}^{\text{Todas as combinações possíveis}}$$

$$= \binom{7}{3}\left(\frac{1}{5}\right)^3\left(\frac{4}{5}\right)^4$$

Ensaio de Bernoulli

Todo experimento aleatório que pode retornar apenas dois resultados possíveis, o *sucesso* e o *insucesso.*

Trata-se, portanto, de uma dicotomia, de um ensaio booleano. Por exemplo, no lançamento de uma moeda honesta sobre a mesa, onde só podemos obter cara ou então coroa. O resultado de interesse do estatístico, seja ele qual for, será computado como *sucesso* e o outro, como *insucesso.*

Distribuição Binomial de Probabilidades

►**Def:** Toda a distribuição discreta de probabilidades que reúne as três características seguintes:

i) É formada por *n ensaios de Bernoulli;*

ii) Cada um dos ensaios é *independente* dos demais;

iii) Cada ensaio possui a mesma probabilidade de sucesso p (*comum a todos os ensaios realizados*).

Nesse caso, dizemos que $X \sim Bin(n; p)$,ou seja, "a variável aleatória X está distribuída segundo a regra binomial, de parâmetros n e p". Considerando um valor arbitrário de x sucessos desejados, a função de massa de probabilidades (ou função distribuição de probabilidades) será:

$$p(x) = P(X = x) = \begin{cases} \binom{n}{x} p^x (1 - p)^{n-x} & \text{se } x = 0, 1, \ldots, n, \\ 0 & \text{caso contrário.} \end{cases}$$

DISTRIBUIÇÃO NORMAL (ou GAUSSIANA)

A distribuição normal de Gauss é uma das distribuições de probabilidades mais comuns na natureza e se define como segue:

►**Def:** Se $X \sim N\left(\mu; \sigma^2\right)$, então a sua função densidade de probabilidade ($f.d.p.$) é dada por:

$$f(x) = \frac{1}{\sigma\sqrt{2\pi}} e^{\frac{(x-\mu)^2}{2\sigma^2}}$$

representa a média populacional ou *esperança* do *dataset* e $\sigma_X^2 = \sigma^2$ representa a sua variância.

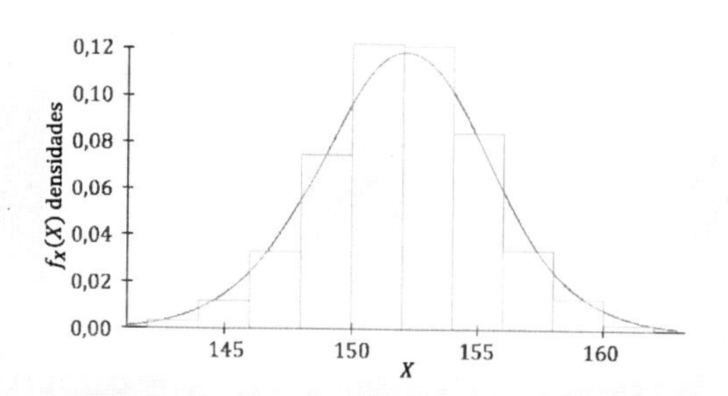

***NOTA:** Os números que constam no gráfico acima são meramente ilustrativos e, na prática, caso a caso, μ e σ podem assumir os mais diversos valores.

A Distribuição Normal Padrão

Trata-se da distribuição do tipo $Z \sim N(1;0)$ e que é obtida a partir da transformação linear

$$z = \frac{x - \mu}{\sigma}$$

Procede-se sempre assim: os valores de interesse na variável natural X devem ser primeiro normalizados para, em seguida, consultarmos a probabilidade pronta em uma tabela chamada de **Tabela Z.** Isso acontece porque as integrais da *f.d.p.* (função densidade de probabilidades), que dão as probabilidades de interesse, não são elementares e, por isso mesmo, elas são calculadas previamente via métodos numéricos e, em seguida, tabuladas.

□

2.1 (IFPI - Edital 86/2019) (Q42)

Um dado foi lançado 4 vezes. Sabendo-se que no primeiro lançamento, de um valor par como resultado, qual a probabilidade de terem caído mais números pares do que ímpares ao final dos 4 lançamentos.

(a) 1/8.

(b) 3/8.

(c) 1/4.

(d) 1/2.

(e) 3/4.

Sugestão de Solução.

$$P\left(x = k\right) = \binom{n}{k} \times p^k \times q^{n-k}$$

$$\binom{n}{k} = \frac{n!}{k! \times \left(n - k\right)!}$$

$$(\text{Par, Par, Par, Par}) \text{ ou } \left(\text{Par, Par, Par, Ímpar}\right)$$

$$n = 3$$

$$p = 50\% \text{ ou } 0,5 = \frac{1}{2}$$

$$q = 50\% \text{ ou } 0,5 = \frac{1}{2}$$

$$P(x = 3) = \binom{3}{3} \times \left(\frac{1}{2}\right)^3 \times \left(\frac{1}{2}\right)^{3-3} = 1 \times \frac{1}{8} \times \left(\frac{1}{2}\right)^0 = 1 \times \frac{1}{8} \times 1 = \frac{1}{8}$$

$$P(x = 2) = \binom{3}{2} \times \left(\frac{1}{2}\right)^2 \times \left(\frac{1}{2}\right)^{3-2} = \frac{3!}{2! \times (3-2)!} \times \frac{1}{4} \times \frac{1}{2} = 3 \times \frac{1}{4} \times \frac{1}{2} = \frac{3}{8}$$

$$P(x = 3 \text{ ou } x = 2) = \frac{1}{8} + \frac{3}{8} = \frac{4}{8} = \frac{1}{2}.$$

Gabarito: **Item d)**.

2.2 (IFPI - Edital 73/2022) (Q31)

De março de 2011 até junho de 2022, a Seleção Brasileira de Futebol masculino teve a seu favor 45 pênaltis marcados, e destes 51% foram batidos pelo jogador Neymar, totalizando 23 cobranças. Sabe-se que Neymar converteu 20 das 23 cobranças, obtendo assim um aproveitamento positivo de 87%. Já, nos outros 22 pênaltis marcados a favor da Seleção Brasileira e batidos por outros jogadores, o aproveitamento foi de 68% de acertos, assim, os outros jogadores juntos marcaram 15 gols de pênalti, nesse mesmo período. Considere que esses percentuais de aproveitamento se mantenham durante todo o ano de 2022. Se durante a Copa de 2022, no Catar, um pênalti for marcado a favor do Brasil e este for desperdiçado, qual a probabilidade de ser batido pelo Neymar?

(a) 15,7%.

(b) 20,7%.

(c) 29,7%.

(d) 40,7%.

(e) 45,7%.

Sugestão de Solução.

Observe que temos um caso de probabilidade condicional tal que, sabendo que um pênalti marcado a favor do Brasil foi desperdiçado, devemos calcular a probabilidade de ele ter sido batido pelo Neymar. Se A corresponde ao evento aleatório "o pênalti foi batido por Neymar" e B corresponde ao evento aleatório "o pênalti foi desperdiçado", temos que calcular a probabilidade de um pênalti ter sido batido por Neymar sabendo que ele foi desperdiçado, ou seja P(A|B) que lemos "probabilidade de ocorrer A sabendo que ocorreu B":

$$P(A|B) = \frac{P(A \cap B)}{P(B)}.$$

Onde A∩B corresponde aos pênaltis batidos por Neymar e que foram desperdiçados, que corresponde a 3 pênaltis desperdiçados de um total de 45 pênaltis, ou seja,

$$P(A \cap B) = \frac{3}{45} = \frac{1}{15}.$$

Sabendo que B corresponde ao evento "o pênalti foi desperdiçado", temos 3 pênaltis desperdiçados por Neymar e 7 desperdiçados pelos outros jogadores, em um total de 10 pênaltis desperdiçados em 45, ou seja,

$$P(B) = \frac{10}{45} = \frac{2}{9}.$$

Assim,

$$P(A|B) = \frac{P(A \cap B)}{P(B)} = \frac{\frac{1}{15}}{\frac{2}{9}} = \frac{1}{15} \times \frac{9}{2} = \frac{3}{10} = 30\%.$$

Gabarito: **Item c)**.

2.3 (IFPI - Edital 20/2011) (Q29)

Seis dados de cores distintas são lançados simultaneamente. Calcule e assinale a probabilidade de que 3 faces contenham um mesmo valor, duas outras contenham um outro valor e a restante contenha um valor distinto dos 2 anteriores.

(a) 5/972.
(b) 5/486.
(c) 25/648.
(d) 25/162.
(e) 25/81.

Sugestão de Solução.
Figura 2.3 - Dados.

Figura 2.3 — Dados.

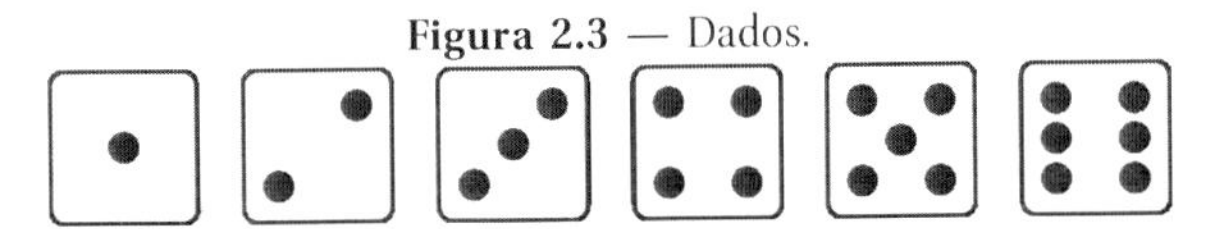

Fonte: Os autores, 2023.

Sabendo que a definição de probabilidade de ocorrer um evento E dentro de um universo com espaço de amostras Ω é dada por

$$P(E) = \frac{n(E)}{n(\Omega)}.$$

Neste caso o $n(\Omega)$ é dado por

$$6 \times 6 \times 6 \times 6 \times 6 \times 6 = 6^6.$$

Para determinar n(E) devemos observar que E corresponde a 3 faces terem o mesmo valor, 2 outras um mesmo valor diferente e a face

restante um outro valor distinto.
Podemos considerar as seguintes possibilidades:

$$6 \times 1 \times 1 \times 5 \times 1 \times 4 = 120.$$

Temos 120 opções de escolha dos valores das faces sendo que, ao escolher o número da primeira face, onde temos 6 possibilidades, as próximas duas tem apenas 1 possibilidade. Ao escolher a quarta face, temos 5 possibilidades e a quinta face, apenas uma possibilidade. A última face tem 4 possibilidades, que correspondem aos números restantes.
Porém perceba que existe a permutação das faces, onde temos 3 faces repetidas e mais 2 faces repetidas, ou seja,

$$P_6^{3,2} = \frac{6!}{3! \times 2!} = 6 \times 5 \times 2 = 60.$$

Logo, o total de maneiras distintas de ocorrer o evento E é dada por $60 \times 120 = 7200$ e a probabilidade procurada é dada por

$$P(E) = \frac{7200}{6^6} = \frac{7200}{6 \times 6 \times 6 \times 6^3} = \frac{100}{3 \times 6^3} = \frac{25}{3 \times 3 \times 3 \times 6} = \frac{25}{162}.$$

Gabarito: **Item d)**.

2.4 (FUNRIO-IFPI - Edital 01/2014) (Q13)

Uma caixa contém dez bolas brancas e trinta bolas vermelhas. Cinco bolas são retiradas da caixa de forma aleatória e sem reposição. Qual o valor aproximado da probabilidade de que pelo menos uma das bolas retiradas seja branca?

(a) 0,90.
(b) 0,76.
(c) 0,62.
(d) 0,44.
(e) 0,25.

Sugestão de Solução.

Considere o evento E dado por 'retirar cinco bolas da caixa sem reposição e pelo menos uma delas é branca' em um universo com espaço de amostras Ω, que corresponde a tirar 5 bolas sem reposição de uma caixa com 40 bolas, sendo 10 bolas brancas e 30 bolas vermelhas.

O evento complementar do evento E pode ser chamado de evento V que corresponde a tirar da caixa 5 bolas todas vermelhas.

Neste caso, $n(\Omega)$ pode ser dado pelo princípio multiplicativo, pois o ato de retirar 5 bolas desta caixa pode ser considerado em etapas, ou seja,

$$40 \times 39 \times 38 \times 37 \times 36$$

Para termos todas as bolas vermelhas, temos as seguintes possibilidades usando o princípio multiplicativo:

$$30 \times 29 \times 28 \times 27 \times 26$$

A probabilidade de sair todas as bolas vermelhas é dada por

$$P(V) = \frac{30 \times 29 \times 28 \times 27 \times 26}{40 \times 39 \times 38 \times 37 \times 36} = \frac{29 \times 7 \times 3}{4 \times 19 \times 37} = \frac{609}{2812} = 0,2165.$$

Podemos usar a probabilidade complementar para determinar a probabilidade de ocorrer o evento E, que é complementar ao evento V, logo,

$$P(E) = 1 - P(V),$$

$$P(E) = 1 - 0,2165 = 0,7834 = 78,34\%.$$

Gabarito: **Item b)**.

2.5 (FUNRIO-IFPI - Edital 01/2014) (Q12)

Dentro de uma urna há 8 bolas numeradas de 1 até 8. Três bolas são sorteadas aleatoriamente e sem reposição. Qual a probabilidade do número formado com os algarismos das bolas sorteadas seja maior do que 500 e menor do que 700?

(a) 0,15.

(b) 0,25.

(c) 0,30.

(d) 0,35.

(e) 0,40.

Sugestão de Solução.

A partir do conceito de probabilidade, temos:

$$P(E) = \frac{n(E)}{n(\Omega)},$$

onde

$$n(E) = 42 + 42 = 84$$

e

$$n(\Omega) = 8 \times 7 \times 6 = 336.$$

Portanto,

$$P(E) = \frac{84}{336} = \frac{42}{168} = \frac{21}{84} = \frac{3}{12} = 0,25.$$

Resposta: **Item b)**.

2.6 (CSEP-IFPI - Edital 86/2019)

Um dado foi lançado 4 vezes. Sabendo que, no primeiro lançamento, deu um valor par como resultado, qual a probabilidade de terem saído mais números pares do que ímpares ao final dos 4 lançamentos?

(a) 1/8.

(b) 3/8.

(c) 1/4.

(d) 1/2.

(e) 3/4.

Sugestão de Solução.

$$P(x = k) = \binom{n}{k} \times p^k \times q^{n-k},$$

$$\binom{n}{k} = \frac{n!}{k! \times (n-k)!}.$$

Teríamos as seguintes possibilidades:

(Par, Par, Par, Par) ou (Par, Par, Par, Ímpa)

Como o dado foi lançado uma vez, restou três possibilidades (as três últimas de cada) para cada uma das opções listadas anteriormente,

$$p = 50\% \text{ ou } 0,5 = \frac{1}{2},$$
$$q = 50\% \text{ ou } 0,5 = \frac{1}{2},$$
$$P(x=3) = \binom{3}{3}\left(\frac{1}{2}\right)^{3}\left(\frac{1}{2}\right)^{3-3} = 1 \times \frac{1}{8} \times \left(\frac{1}{2}\right)^{0} = 1 \times \frac{1}{8} \times 1 = \frac{1}{8},$$
$$P(x=2) = \binom{3}{2}\left(\frac{1}{2}\right)^{2}\left(\frac{1}{2}\right)^{3-2} = \frac{3!}{2! \times (3-2)!} \times \frac{1}{4} \times \frac{1}{2} = 3 \times \frac{1}{4} \times \frac{1}{2} = \frac{3}{8},$$
$$P(x=3 \text{ ou } x=2) = \frac{1}{8} + \frac{3}{8} = \frac{4}{8} = \frac{1}{2}.$$

Resposta: **Item d)**.

2.7 (IFPI ESTATÍSTICA - Edital 01/2014) (Q19)

Questão 19 A variável aleatória discreta X assume valores no conjunto dos números naturais $(0, 1, 2, \ldots)$, sendo $Pr(X = n) = p^{n+1}$, em que $Pr(X = n)$ é a probabilidade de X assumir o valor n. Qual a probabilidade de X ser maior ou igual a 1?

(a) 0,45.

(b) 0,50.

(c) 0,55.

(d) 0,58.

(e) 0,60.

Sugestão de Solução.

A probabilidade de X ser maior ou igual a 1é complementar à probabilidade de X ser menor que 1, pois as duas englobam todas as possibilidades existentes. Assim, temos:

$$Pr(x \geq 1) + Pr(x < 1) = 1$$

$$Pr(x \geq 1) = 1 - Pr(x < 1)$$

A probabilidade de $X < 1$ corresponde à probabilidade de X = 0 que é dada por

$$Pr(x = 0) = p^{0+1} = p$$

Logo a probabilidade de $X \geq 1$ é dada por

$$Pr(x \geq 0) = 1 - p$$

Observe que o valor de p está no intervalo

$$0 \leq p \leq 1$$

e que

$$p^1 + p^2 + p^3 + p^4 + p^5 + \cdots = 1$$

Que corresponde a uma série geométrica de $a_0 = p$ e $r = p$ cuja soma é dada por

$$p^1 + p^2 + p^3 + p^4 + p^5 + \cdots = \frac{p}{1-p} = 1$$

$$p = 1 \times (1 - p)$$

$$p = 1 - p$$

$$2p = 1$$

$$p = \frac{1}{2} = 50\%.$$

Gabarito: **Item b)**.

2.8 (IFPI ESTATÍSTICA - Edital 2014) (Q21)

Uma fila de 200 pessoas foi formada aleatoriamente. Nela há dois estatísticos. Qual a probabilidade de eles não serem vizinhos de fila?

(a) 99,5%.

(b) 99%.

(c) 98%.

(d) 97,5%.

(e) 97%.

Sugestão de Solução.

Considere o evento E que corresponde ao fato de que os dois estatísticos não são vizinhos nesta fila e o seu evento complementar $\sim E$ que corresponde ao fato de que os dois estatísticos são vizinhos nesta fila.

As probabilidades de correr E e ~E são complementares, ou seja, $P(E) + P(\sim E) = 1$ e podemos calcular a probabilidade de ocorrer E pela probabilidade de não ocorrer E, ou seja,

$$P(E) = 1 - P(\sim E)$$

A probabilidade de ocorrer o evento $\sim E$ é dada pela razão entre o $n(\sim E)$ e $n(\Omega)$.

O $n(\Omega)$ é o total de possibilidades desta fila de 200 pessoas, o que corresponde a uma permutação simples destas 200 pessoas, ou seja,

$$n(\Omega) = P_{200} = 200!$$

O $n(\sim E)$ pode ser calculado considerando as seguintes condições:

Os dois estatísticos ficam nas duas primeiras posições da fila

$$E_1,\ E_2,\ \ldots\ \ldots\ \ldots\ \ldots\ \ldots\ \ldots$$

$$E_2,\ E_1,\ \ldots\ \ldots\ \ldots\ \ldots\ \ldots\ \ldots$$

Temos então as seguintes possibilidades para esta condição:

$$2 \times P_{198} = 2 \times 198!$$

Esta condição se repete quando os dois estatísticos ficam juntos nas posições 1 e 2:

$$\ldots, E_1, E_2, \ldots \ldots \ldots \ldots \ldots \ldots$$

$$\ldots, E_2, E_1, \ldots \ldots \ldots \ldots \ldots \ldots$$

Sendo que esta condição se repete por 199 vezes até o momento em que os dois estatísticos estiverem junto nas últimas posições da fila. Temos então um total de $199 \times 2 \times 198!$ possibilidades de ocorrer o evento $\sim E$ e a sua probabilidade é dada por

$$P(\sim E) = \frac{199 \times 2 \times 198!}{200!} = \frac{199 \times 2 \times 198!}{200 \times 199 \times 198!} = \frac{1}{100} = 1\%.$$

Logo a probabilidade de ocorrer E é dada por

$$P(E) = 1 - P(\sim E) = 1 - 0,01 = 0,99 = 99\%.$$

Gabarito: **Item b)**.

2.9 (IFPI ESTATÍSTICA - Edital 2014) (Q19)

Uma prova contém uma questão em que o aluno deve responder se ela é falsa ou verdadeira. Dos alunos de uma turma, 50% sabem a resposta. Um aluno da turma é escolhido ao acaso.
A probabilidade de que ele tenha acertado é de aproximadamente:

(a) 14,3%.

(b) 25%.

(c) 50%.

(d) 75%.

(e) 87,5%.

Sugestão de Solução.

A maneira segura de resolver essa questão é pelo Teorema da Probabilidade Total. Para isso, no entanto, se faz necessário identificar a partição do espaço amostral:

Ω : {Todos os alunos da turma};
R : {Os alunos da turma que sabem a resposta da questão}
$\overline{R}$: {Os alunos da turma que não sabem a resposta da questão}
A : {Os alunos que acertaram a questão

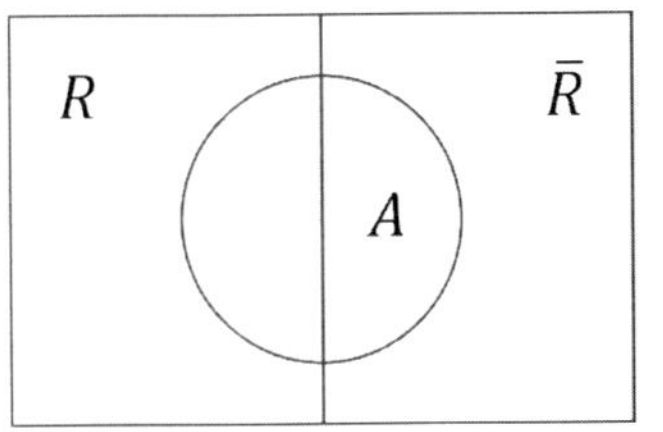

Nesse caso, a partição é do tipo

$$\wp = \{R; \overline{R}\}$$

Valerá, portanto, a relação

$$P(A) = P(R) * P(A|R) + P(\overline{R}) * P(A|\overline{R})$$

A probabilidade de um aluno qualquer, escolhido aleatoriamente conhecer a resposta é de $P(R) = 0,50$. Identicamente, a probabilidade do evento complementar será $P(\overline{R}) = 0,50$ e a probabilidade de ele acertar a resposta dado que a conhece é 100%, ou seja, $P(A|R) = 1$.
Para chegarmos ao gabarito oficial, devemos admitir que a probabilidade de um aluno acertar a questão sem saber a sua resposta, é de 50%, ou seja, $P(A|\overline{R}) = 0,50$. Repare que, a rigor, isso não é óbvio, já que há questões mais fáceis e questões mais difíceis e, além disso, existe uma heterogeneidade natural no nível intelectual dos alunos de uma turma. Entendemos aqui que a banca raciocinou da seguinte forma: *"Se há uma resposta correta e uma resposta errada possíveis, então existe um caso favorável e dois casos possíveis, logo a probabilidade de acerto é 50%."* Perceba a fragilidade dessa argumentação na prática, sobretudo quando levamos em conta que essa dicotomia não foi explicitada no enunciado da questão. Todavia, seguindo essa linha de raciocínio e até por falta de dados adicionais, teríamos:

$$P(A) = P(R) * P(A|R) + P(\overline{R}) * P(A|\overline{R})$$

$$P(A) = 0,50 * 1 + 0,50 * 0,50 = 0,75$$

Gabarito: **Item d)**.

2.10 (IFPI ESTATÍSTICA - Edital 2014) (Q19)

Uma prova contém uma questão em que o aluno deve responder se ela é falsa ou verdadeira. Dos alunos de uma turma, 50% sabem a resposta. Um aluno da turma é escolhido ao acaso.
Dado que o aluno acertou a questão, a probabilidade de que ele tenha "chutado" é de aproximadamente:

(a) 25%.

(b) 33,3%.

(c) 50%.

(d) 66,6%.

(e) 75%.

Sugestão de Solução.

Considere o total de alunos desta sala como seu Universo:

50% sabem a resposta	50% sabem a resposta

A probabilidade de um aluno ter chutado equivale à probabilidade dele não saber a resposta, assim a probabilidade pedida é um caso de probabilidade condicional onde:

$$P(\text{não sabe}|\text{acertou}) = P(A|B)$$

Onde A corresponde ao fato de que aluno não saber a resposta e B corresponde ao aluno acertar a questão.
Sabendo que:

$$P(A|B) = \frac{P(A \cap B)}{P(B)},$$

$$P(B) = \frac{50\% + 25\%}{100\%} = \frac{75\%}{100\%} = \frac{75}{100} = \frac{3}{4},$$

$$P(A \cap B) = \frac{25\%}{100\%} = \frac{25}{100} = \frac{1}{4}.$$

Logo:

$$P(A|B) = \frac{\frac{1}{4}}{\frac{3}{4}} = \frac{1}{4} \times \frac{4}{3} = \frac{1}{3} \cong 0,333 \rightarrow 33,3\%.$$

Gabarito: **Item b)**.

2.11 (IFPA - Edital 01 de 2015) (Q27)

Um paraquedista, a uma certa altura, tem a probabilidade de cair em uma região circular com 2 km de raio. Sabendo que no centro da região circular passa um rio de 200 m de largura, a probabilidade de o paraquedista não cair no rio é aproximadamente de:

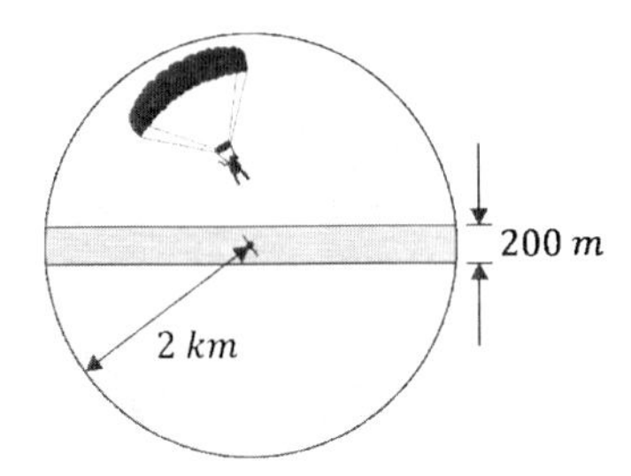

(a) $\frac{1}{10\pi}$.
(b) $\frac{1}{5\pi}$.
(c) $\frac{2}{5\pi}$.
(d) $\frac{5\pi-1}{5\pi}$.
(e) $\frac{10\pi-1}{10\pi}$.

Sugestão de Solução.

Temos que a probabilidade é igual a 1 menos, a área do retângulo dividida pela área do círculo:

$$p = 1 - \left[\frac{0,2 * 4}{\pi * 2^2}\right] = 1 - \frac{0,8}{4\pi} = 1 - \frac{1}{5\pi},$$

$$p = \frac{(5\pi - 1)}{5\pi}.$$

Gabarito: **Item d)**.

2.12 (IFPA - Edital 01 de 2015) (Q39)

Um grupo de estudantes do IFPA precisa fazer uma atividade de campo que durará 5 dias seguidos e estão preocupados com a possibilidade de chover. Assim, com intuito de tentar prever o clima, os alunos fizeram um grande número de registros. Desta forma, determinaram que a probabilidade de um dia chuvoso seguido por um dia ensolarado é de 2/3, e a probabilidade de um dia chuvoso seguido por outro dia chuvoso é de 1/2. Dessa maneira, obtiveram a seguinte tabela de probabilidades:

	DIA ENSOLARADO	DIA CHUVOSO
DIA ENSOLARADO	1/3	1/2
DIA CHUVOSO	2/3	1/2

A partir da informação da probabilidade de um dia, os alunos verificaram que é possível estimar se um dia n será chuvoso ou ensolarado através da tabela de probabilidades, chamada de matriz de transição $T_{2\times 2}$. Para isso, é necessário saber o estado inicial. Supondo que o dia 0 (um dia antes do 1º dia da atividade de campo) está chuvoso, ou seja, o estado inicial é $x^{(0)} = \begin{bmatrix} 0 \\ 1 \end{bmatrix}$ então o dia da atividade de campo que possui a maior probabilidade de chover é:

(a) 1º dia.

(b) 2º dia.

(c) 3º dia.

(d) 4º dia.

(e) 5º dia.

Sugestão de Solução.

Neste exercício temos uma aplicação de cadeias de Markov onde a matriz de transição pode ser interpretada como uma matriz de

probabilidades.
A matriz do estado inicial pode ser interpretada como uma matriz de eventos impossíveis ou certos, uma vez que seus valores são 0 e 1, ou seja,

$$x^{(0)} = \begin{bmatrix} 0 \\ 1 \end{bmatrix}$$

Onde 0 representa que este dia não foi um dia ensolarado (0% de probabilidade para dia ensolarado) e 1 representa que este dia foi chuvoso (100% de probabilidade para dia chuvoso).
Para calcularmos as probabilidades de um dia ensolarado ou um dia chuvoso no primeiro dia desta atividade, basta multiplicar as matrizes de transição e do estado inicial, obtendo $x^{(1)}$, ou seja,

$$\begin{bmatrix} 1/3 & 1/2 \\ 2/3 & 1/2 \end{bmatrix} \times \begin{bmatrix} 0 \\ 1 \end{bmatrix} = \begin{bmatrix} 1/2 \\ 1/2 \end{bmatrix}.$$

Assim temos que as probabilidades de termos dia ensolarado ou dia chuvoso são iguais a $1/2 = 0,5 = 50\%$.
Para obter $x^{(2)}$ multiplicamos a posição inicial da seguinte forma:

$$\begin{bmatrix} 1/3 & 1/2 \\ 2/3 & 1/2 \end{bmatrix}^2 \times \begin{bmatrix} 0 \\ 1 \end{bmatrix} = \begin{bmatrix} 1/2 \\ 1/2 \end{bmatrix}$$

$$\begin{bmatrix} 1/3 & 1/2 \\ 2/3 & 1/2 \end{bmatrix} \times \begin{bmatrix} 1/3 & 1/2 \\ 2/3 & 1/2 \end{bmatrix} \times \begin{bmatrix} 0 \\ 1 \end{bmatrix} = \begin{bmatrix} 5/12 \\ 7/12 \end{bmatrix}$$

Assim temos que as probabilidades de termos dia ensolarado ou dia chuvoso no segundo dia da atividade são de $5/12 \cong 41,6\%$ e de $7/12 \cong 58,3\%$.
Para obter $x^{(3)}$ multiplicamos a posição inicial da seguinte forma:

$$\begin{bmatrix} 1/3 & 1/2 \\ 2/3 & 1/2 \end{bmatrix}^3 \times \begin{bmatrix} 0 \\ 1 \end{bmatrix} = \begin{bmatrix} 31/72 \\ 41/72 \end{bmatrix}$$

$$\begin{bmatrix} 1/3 & 1/2 \\ 2/3 & 1/2 \end{bmatrix} \times \begin{bmatrix} 1/3 & 1/2 \\ 2/3 & 1/2 \end{bmatrix} \times \begin{bmatrix} 1/3 & 1/2 \\ 2/3 & 1/2 \end{bmatrix} \times \begin{bmatrix} 0 \\ 1 \end{bmatrix} = \begin{bmatrix} 31/72 \\ 41/72 \end{bmatrix}.$$

Assim temos que as probabilidades de termos dia ensolarado ou dia chuvoso no terceiro dia da atividade são de $31/72 \cong 43,0\%$ e de $41/72 \cong 56,9\%$.

Procedendo desta forma temos os seguintes resultados para os 5 dias de atividades:

$$x^{(1)} = \begin{bmatrix} 50\% \\ 50\% \end{bmatrix}; \quad x^{(2)} = \begin{bmatrix} 41,6\% \\ 58,3\% \end{bmatrix}; \quad x^{(3)} = \begin{bmatrix} 43,0\% \\ 56,9\% \end{bmatrix};$$

$$x^{(4)} = \begin{bmatrix} 42,8\% \\ 57,1\% \end{bmatrix}; \quad x^{(5)} = \begin{bmatrix} 42,8\% \\ 57,1\% \end{bmatrix}.$$

Logo a maior probabilidade de chuva ocorre no segundo dia de atividade, com $58,3\%$ de probabilidade.

Gabarito: **Item c)**.

2.13 (FADESP IFPA - Edital 008 de 2018) (Q50)

As 20 vagas de um estacionamento são organizadas em 4 fileiras de 5 vagas cada, sendo as vagas da primeira fileira numeradas de um a cinco [1 a 5], da segunda fileira de seis a dez [6 a 10] e assim sucessivamente. Quatro veículos entram no estacionamento vazio. A probabilidade de que os quatro veículos estacionem em vagas numeradas com números primos, e em fileiras distintas é

(a) 4/1615.

(b) 137/1615.

(c) 1232/14535.

(d) 9857/116280.

(e) 27/323.

Sugestão de Solução.

A probabilidade de ocorrer o evento E "que os quatros veículos estacionem em vagas numeradas com números primos, e em fileiras distintas" é dada por

$$P(E) = \frac{n(E)}{n(\Omega)}$$

Onde $n(\Omega)$ corresponde a todas as formar em que os 4 veículos podem estacionar e o n(E) corresponde ao número de formas com que os 4 veículos podem estacionar nas vagas numeradas com números primos em fileiras distintas.
Sabendo que a forma deste estacionamento é

1	2	3	4	5
6	7	8	9	10
11	12	13	14	15
16	17	18	19	20

O $n(\Omega)$ corresponde a uma combinação simples de 20 elementos em grupos de 4 elementos cada, ou seja,

$$n(\Omega) = C_{20,4} = \frac{20!}{4! \times (20-4)!} = \frac{20!}{4! \times 16!} = 5 \times 19 \times 3 \times 17 = 4845$$

Sendo que as vagas com números primos são

1	**2**	**3**	4	**5**
6	**7**	8	9	10
11	12	**13**	14	15
16	**17**	18	**19**	20

Para a determinação das vagas com números primos temos uma combinação simples de 8 números em agrupamentos de 4, ou seja,

$$C_{8,4} = \frac{8!}{4! \times (8-4)!} = \frac{8!}{4! \times 4!} = 7 \times 2 \times 5 = 70$$

Porém precisamos retiras deste total os casos em que os carros não estacionam em fileiras distintas, o que ocorre quando
1 – Quando temos três carros na primeira fileira:

$$1 \times 5 = 5.$$

2 - Quando temos dois carros na primeira fileira:

$$C_{3,2} \times C_{5,2} = 3 \times 10 = 30.$$

3 - Quando temos um carro na primeira fileira e dois carros na terceira fileira:

$$3 \times 1 \times 3 = 9.$$

4 - Quando temos um carro na primeira fileira e dois carros na quarta fileira:

$$3 \times 3 \times 1 = 9.$$

5 - Quando temos dois carros na terceira fileira:

$$1 \times 3 \times 1 = 3.$$

6 - Quando temos dois carros na quarta fileira:

$$1 \times 1 \times 3 = 3.$$

Assim $n(E)$ é igual a:

$$70 - 5 - 30 - 9 - 9 - 3 - 3 + 1 = 12.$$

E a probabilidade de ocorrer E é dada por:

$$P(E) = \frac{12}{4845} = \frac{4}{1615}.$$

Gabarito: **Item a)**.

2.14 (FADESP IFPA - Edital 008 de 2018) (Q51)

As 20 vagas de um estacionamento são numeradas de 1 a 20. Cinco veículos entram no estacionamento vazio. A probabilidade de que os cinco veículos estacionem em vagas numeradas com números primos é

(a) 7/1938.

(b) 1/323.
(c) 1/969.
(d) 4/2907.
(e) 5/1938.

Sugestão de Solução.
A probabilidade de ocorrer este evento E é dada por

$$P(E) = \frac{n(E)}{n(\Omega)},$$

onde $n(\Omega)$ é o total de possibilidades de estacionarmos estes 5 veículos e é dada por

$$C_{20,5} = \frac{20!}{5! \times (20-5)!} = \frac{20!}{5! \times 15!} = \frac{20 \times 19 \times 18 \times 17 \times 16 \times 15!}{54 \times 3 \times 2 \times 1 \times 15!} = 15504.$$

Em um conjunto de números de 1 a 20 temos 8 números primos, 2, 3, 5, 7, 11, 13, 17 e 19 de tal forma que o $n(E)$ corresponde a

$$C_{8,5} = \frac{8!}{5! \times (8-5)!} = \frac{8!}{5! \times 3!} = \frac{8 \times 7 \times 6 \times 5!}{5! \times 3 \times 2 \times 1} = 56.$$

Logo a probabilidade pedida é

$$P(E) = \frac{n(E)}{n(U)} = \frac{56}{15504} = \frac{7}{1938}.$$

Gabarito: **Item a)**.

2.15 IFPA - Edital 22 de 2019) (Q25)

Oito seleções (A,B,C,D,E,F,G e H) competem em um torneio de futebol. Na primeira rodada, serão realizadas quatro partidas, nas quais os adversários são escolhidos por sorteio. Todos possuem a mesma chance de serem escolhidos. Qual é a probabilidade da seleção B enfrentar a seleção A, na primeira rodada?
(a) 1/8.

(b) 1/7.

(c) 1/6.

(d) 1/5.

(e) 1/4.

Sugestão de Solução.

Considere um sorteio no qual a seleção B foi sorteada. As opções para o adversário da seleção B correspondem a quaisquer das sete seleções do torneio, inclusive a seleção A, logo a probabilidade é dada por um caso favorável em sete casos possíveis. Ou seja,

$$(AB,\ AC,\ AD,\ AE,\ AF,\ AG,\ AH).$$

Assim, temos que

$$P(E) = \frac{1}{7}.$$

Gabarito: **Item b)**.

2.16 IFPA - Edital 22 de 2019) (Q26)

Dois dados: um maior e "honesto" e outro menor e "viciado", conforme a figura abaixo, são lançados. A probabilidade de se obter a face voltada para cima é proporcional ao número que está voltado para cima, no dado "viciado". Já no "honesto", a probabilidade de se obter a face voltada para cima é a mesma para qualquer número. Somando os números obtidos no maior e menor, determine a probabilidade de ser obtida a soma dez:

(a) 5/42.

(b) 5/21.

(c) 8/21.

(d) 5/63.

(e) 21/7.

Sugestão de Solução.

O dado maior é honesto, logo a probabilidade de cada uma de suas faces é a mesma e igual a 1/6.

O dado menor é viciado e a probabilidade de se obter um número voltado para cima é proporcional ao número que está voltado para cima. Assim, temos

$$\frac{P(1)}{1}=\frac{P(2)}{2}=\frac{P(3)}{3}=\frac{P(4)}{4}=\frac{P(5)}{5}=\frac{P(6)}{6}.$$

Usando propriedades de razões e proporções, temos:

$$\frac{P(1)}{1}=\frac{P(2)}{2}=\frac{P(3)}{3}=\frac{P(4)}{4}=\frac{P(5)}{5}=\frac{P(6)}{6}$$
$$=\frac{P(1)+P(2)+P(3)+P(4)+P(5)+P(6)}{21}=\frac{1}{21}.$$

Logo, temos que:

$$\frac{P(1)}{1}=\frac{1}{21} \Rightarrow P(1)=\frac{1}{21}$$
$$\frac{P(2)}{2}=\frac{1}{21} \Rightarrow P(2)=\frac{2}{21}$$
$$\frac{P(3)}{3}=\frac{1}{21} \Rightarrow P(3)=\frac{3}{21}$$
$$\frac{P(4)}{4}=\frac{1}{21} \Rightarrow P(4)=\frac{4}{21}$$
$$\frac{P(5)}{5}=\frac{1}{21} \Rightarrow P(5)=\frac{5}{21}$$
$$\frac{P(6)}{6}=\frac{1}{21} \Rightarrow P(6)=\frac{6}{21}$$

As situações em que observamos as faces dos dados e somando os números obtidos no maior e menor obtemos a soma dez é

Dado maior	Dado menor	Soma
4	6	10
5	5	10
6	4	10

Observe que não temos outras possibilidades. Observe também que os dados correspondem a eventos independentes e $P(A \cap B) = P(A) \times P(B)$. Conhecendo as probabilidades em cada caso, podemos montar a seguinte tabela:

Dado maior A	Dado menor B	$P(A \cap B)$
1/6	6/21	6/126
1/6	5/21	5/126
1/6	4/21	4/126

Como estes eventos são independentes entre si, temos que $P(A \cup B) = P(A) + P(B)$, logo,

$$P(E) = \frac{6}{126} + \frac{5}{126} + \frac{4}{126} = \frac{15}{126} = \frac{5}{42}.$$

Gabarito: **Item a)**.

2.17 (IFPA - Edital 22 de 2019) (Q27)

Em uma brincadeira de "amigo oculto", cinco pessoas (A, B, C, D e E) escrevem, cada uma, o seu nome em um pedaço de papel e o depositam num recipiente, de onde, posteriormente, cada uma retirará aleatoriamente um dos pedaços de papel. Por exemplo, A retira B, B retira C, C retira D, D retira E e, por último, E retira A. Essa permutação BCDEA, em Matemática, é denominada de permutação caótica, ou seja, ninguém pode retirar o seu próprio nome. Determine qual a probabilidade de ninguém pegar seu próprio nome?

(a) 1/2.

(b) 3/8.

(c) 11/30.

(d) 1/3.
(e) 3/40.

Sugestão de Solução.

Considerando a fórmula geral que conta o número de permutações caóticas como

$$D_n = n!\left[\frac{1}{0!} - \frac{1}{1!} + \frac{1}{2!} - \frac{1}{3!} + \cdots + \frac{(-1)^n}{n!}\right]$$

Sendo assim,

$$D_5 = 5!\left[\frac{1}{0!} - \frac{1}{1!} + \frac{1}{2!} - \frac{1}{3!} + \frac{1}{4!} - \frac{1}{5!}\right]$$

$$D_5 = 120\left[1 - 1 + \frac{1}{2} - \frac{1}{6} + \frac{1}{24} - \frac{1}{120}\right]$$

$$D_5 = 120\left(\frac{60 - 20 + 5 - 1}{120}\right) = 120\left(\frac{44}{120}\right)$$

$$D_5 = 44 \text{ possibilidades favoráveis.}$$

E a probabilidade será

$$P(E) = \frac{\#E}{\#\Omega} = \frac{44}{120} = +\frac{11}{30}$$

Gabarito: **Item c)**.

2.18 (IFPA - Edital 22 de 2022) (Q19)

Numa linha de produção de parafusos, três máquinas A, B e C são utilizadas, as quais produzem respectivamente 15%, 60% e 25% do total de parafusos. Dos parafusos produzidos, o percentual defeituoso, nas respectivas máquinas, são 2%, 6% e 5%. Um parafuso é sorteado aleatoriamente e verifica-se que é defeituoso. A probabilidade de que o parafuso tenha vindo da máquina C é de:

(a) 60/103.
(b) 6/103.

(c) 75/103.

(d) 25/103.

(e) 15/103.

Sugestão de Solução.

Podemos começar nomeando os ventos nesta situação;

A corresponde a um parafuso produzido na máquina A;

B corresponde a um parafuso produzido na máquina B;

C corresponde a um parafuso produzido na máquina C;

D corresponde a um parafuso ser defeituoso, com isso temos;

P(A) = 15%;

P(B) = 60%;

P(C) = 25%.

Temos também as probabilidades condicionais associadas a estas máquinas, ou seja,

O parafuso é defeituoso e é produzido pela máquina A: P(D|A) = 2%;

O parafuso é defeituoso e é produzido pela máquina B: P(D|B) = 6%;

O parafuso é defeituoso e é produzido pela máquina C: P(D|C) = 5%.

Observe que um parafuso é sorteado aleatoriamente e verifica-se que é defeituoso e queremos saber a probabilidade de que o parafuso tenha vindo da máquina C, ou seja P(C|D).

Pelo Teorema de Bayes temos que

$$P(C|D) = \frac{P(C) \times P(D|C)}{P(D)}.$$

Para calcularmos $P(D)$ devemos observar que

$$P(D) = P(A \cap D) + P(B \cap D) + P(C \cap D).$$

Da probabilidade condicional temos que

$$\begin{aligned} P(D) &= P(A \cap D) + P(B \cap D) + P(C \cap D) \\ &= P(A) \times P(D|A) + P(B) \times P(D|B) + P(C) \times P(D|C) \\ &= \frac{15}{100} \times \frac{2}{100} + \frac{60}{100} \times \frac{6}{100} + \frac{25}{100} \times \frac{5}{100} = \frac{515}{1000} = 51,5\%. \end{aligned}$$

Logo,

$$P(C|D) = \frac{\frac{25}{100} \times \frac{5}{100}}{\frac{515}{1000}} = \frac{\frac{125}{1000}}{\frac{515}{1000}} = \frac{125}{515} = \frac{25}{103}.$$

Gabarito: **Item d)**.

2.19 (IFSul - Edital 168/2015) (Q12)

É sabido que jogadores de RPG usam, entre outros, dados de 12 (doze) faces. Considere um dado viciado de 12 (doze) faces, numeradas de 1 a 12, tal que a probabilidade de sair um número par é o triplo da probabilidade de sair um número ímpar. Sendo assim, a probabilidade de sair o número 7 (sete) em um único no lançamento do dado é de

(a) 1/24.
(b) 1/48.
(c) 1/4.
(d) 5/12.

Sugestão de Solução.

Em um dado honesto com 12 faces cada face tem a mesma probabilidade e a soma destas é igual a uma unidade, ou seja,

$$P(1) + P(2) + P(3) + P(4) + P(5) + P(6) + P(7) + P(8) + P(9) + P(10) + P(11) + P(12) = 1$$

Observe que $P(\text{par}) + P(\text{ímpar}) = 1$. No caso do dado viciado temos que as probabilidades de sair números pares é o triplo de sair um número ímpar, logo,

$$P(\text{par}) + P(\text{ímpar}) = 1,$$

$$3 \times P(\text{ímpar}) + P(\text{ímpar}) = 1,$$

$$4 \times P(\text{ímpar}) = 1,$$

$$P(\text{ímpar}) = \frac{1}{4}.$$

Sabendo a probabilidade de sair um número ímpar e como temos 6 casos possíveis em um dado de 12 faces temos que

$$P(x = 7) = \frac{\frac{1}{4}}{6} = \frac{1}{24}.$$

Gabarito: **Item a)**.

2.20 (IFSul - Edital 049/2020) (Q27)

Um processo seletivo de uma empresa possui oferta de vagas para os cargos de Auxiliar de Serviços Gerais (A), Motorista de Veículos (M) e Operador de Máquinas (O). Dos 368 candidatos, o número de inscritos nos cargos está apresentado na tabela a seguir:

Cargo	A	M	O	A e M	A e O	M e O	A, M e O
Número de inscritos	157	158	175	42	27	61	8

Selecionando um candidato ao acaso, a probabilidade de ele ter se inscrito em exatamente dois cargos ofertados é de aproximadamente

(a) 35,33%.

(b) 30,98%.

(c) 28,80%.

(d) 16,67%.

Sugestão de Solução.

Considere a representação, na forma de diagramas, das informações do exercício:

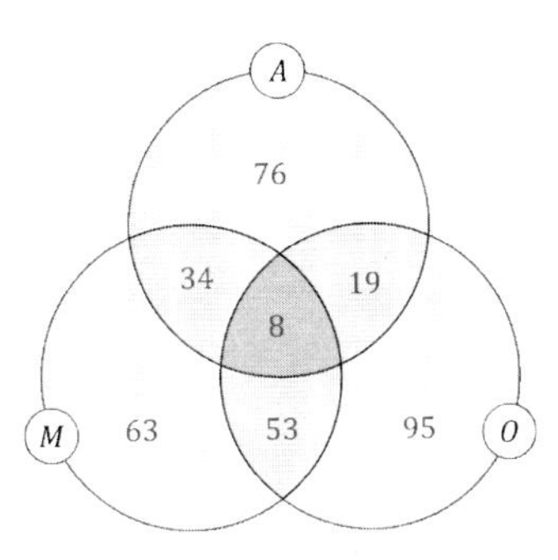

Assim se escreveram em exatamente em dois cargos:

$$19 + 53 + 34 = 106 \text{ candidatos}$$

E a probabilidade pedida é de:

$$P(E) = \frac{106}{368} = 0,288 \rightarrow 28,8\%.$$

Gabarito: **Item c)**.

2.21 (IFSul - Edital 049/2020) (Q35)

Considere duas urnas. A urna A contém 3 bolas vermelhas e 5 bolas azuis, e a urna B contém 5 bolas vermelhas e 4 bolas azuis. Uma bola é retirada da urna A e colocada sem ser vista na urna B. Em seguida, retira-se aleatoriamente uma bola da urna B. Qual é a probabilidade dessa última bola retirada ser azul?

(a) 47,5%.

(b) 46,25%.

(c) 42,25%.

(d) 40,5%.

Sugestão de Solução.

Nesse caso, precisamos idealizar as duas urnas separadamente tendo em vista a transferência de uma bola desconhecida:

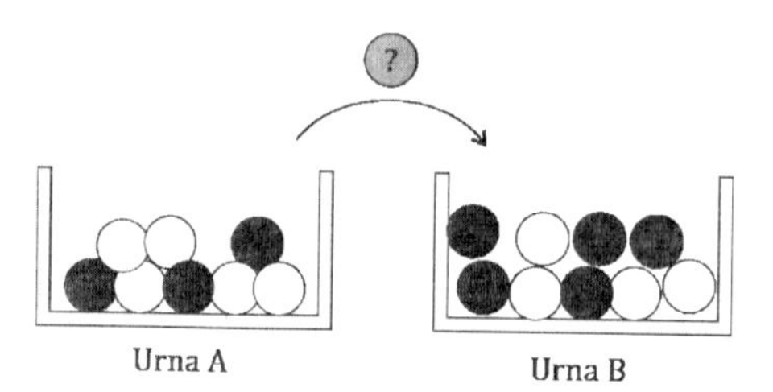

Consideremos os seguintes eventos aleatórios:
V : É transferida uma bola vermelha para a urna B;
A : É transferida uma bola azul para a urna B;
Z : É sorteada uma bola azul da urna B após a transferência.
A partição que comporá o espaço de amostras será

$$\wp = \{V; A\}$$

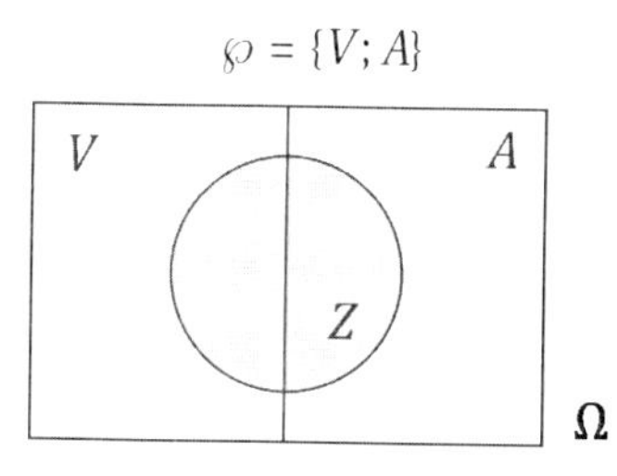

No caso de ter sido transferida uma bola vermelha para a urna B teremos:

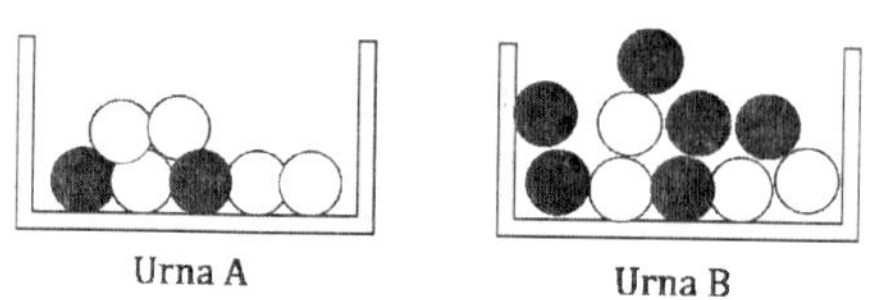

$P(V) = +3/8$ (probabilidade de ser escolhida uma bola vermelha, no início);
$P(Z|V) = +4/10$ (probabilidade de sortearmos uma bola azul dada a transferência de uma vermelha).
Já no caso de ter sido transferida uma bola azul:

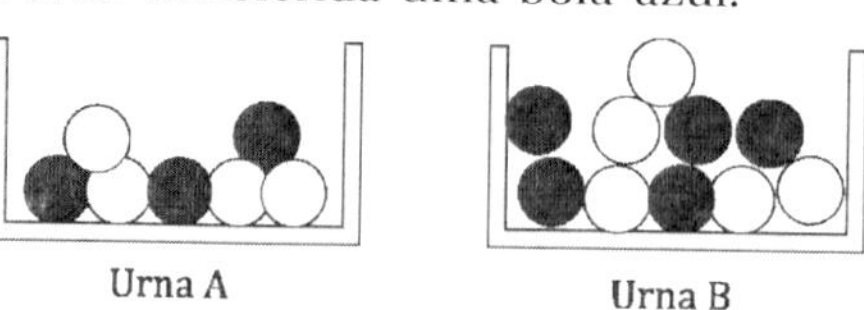

$P(A) = +5/8$ (probabilidade de ser escolhida uma bola azul, no início);
$P(Z|A) = +5/10$ (probabilidade de sortearmos uma bola azul dada a transferência de uma azul).
Pelo Teorema da Probabilidade Total vale:

$$P(Z) = P(V) * P(Z|V) + P(A) * P(Z|A)$$

$$P(Z) = \frac{3}{8} * \frac{4}{10} + \frac{5}{8} * \frac{5}{10}$$

$$P(Z) = \frac{37}{80} = 0,4625$$

Gabarito: **Item b).**

2.22 (IFAC - Edital 2012) (Q29)

De um baralho completo são retirados os 4 ases de naipes distintos. Essas quatro cartas são embaralhadas e dispostas, voltadas para baixo, sobre uma mesa, por duas vezes. A cada vez que se dispõem as cartas é virada uma delas aleatoriamente. Qual a probabilidade de ser virada, nessas duas vezes, uma mesma carta?

(a) uma em dezesseis.
(b) uma em oito.
(c) duas em três.
(d) uma em quatro.
(e) uma em cinquenta e duas.

Sugestão de Solução.

Embora o texto tenha a aparência de uma certa complexidade, devemos observar que se trata de dois eventos independentes, pois qualquer que seja a carta retirada na primeira vez que se dispõem as cartas a probabilidade de se retirar esta mesma carta na segunda vez que se dispõem as cartas não muda, temos uma chance em 4 para retirar a mesma carta retirada na primeira vez, independente de qual seja a carta.

Gabarito: **Item d).**

2.23 (COPEMA/IFAL - Edital 01/2010) (Q23)

Tem-se um lote de 8 peças defeituosas. Quer-se acrescentar a esse lote c peças perfeitas, de modo que, retirando ao acaso e sem reposição, duas peças do novo lote, a probabilidade de serem ambas defeituosas seja menor que 20%. Assim o menor valor possível de c é:

(a) 14.

(b) 11.

(c) 12.

(d) 13.

(e) 10.

Sugestão de Solução.

Com 8 peças defeituosas e c peças perfeitas, na primeira extração, a probabilidade de retirar uma peça defeituosa será $+8/(8+c)$.

Na segunda extração, como não houve reposição, a probabilidade de tirar outra peça defeituosa, será $+7/(7+c)$.

Para a ocorrência de duas extrações seguidas, sem reposição, com peças defeituosas deve valer

$$\frac{8}{(8+c)} * \frac{7}{(7+c)} < 0,20, \qquad c > 0$$

$$\frac{56}{(8+c)*(7+c)} < \frac{1}{5}, \qquad c > 0$$

$$\frac{56}{(8+c)*(7+c)} - \frac{1}{5} < 0, \qquad c > 0$$

$$\frac{c^2+15c-224}{c^2+15c+56} > 0, \qquad c > 0$$

que corresponde a uma inequação quociente. As raízes aproximadas do numerador são $-24,24$ e $+9,24$, já as raízes do denominador são -7 e -8.

Analisando o sinal do numerador e do denominador e considerando que c é necessariamente um número positivo, observamos que o menor valor inteiro para ele é 10. Veja a região hachureada do diagrama:

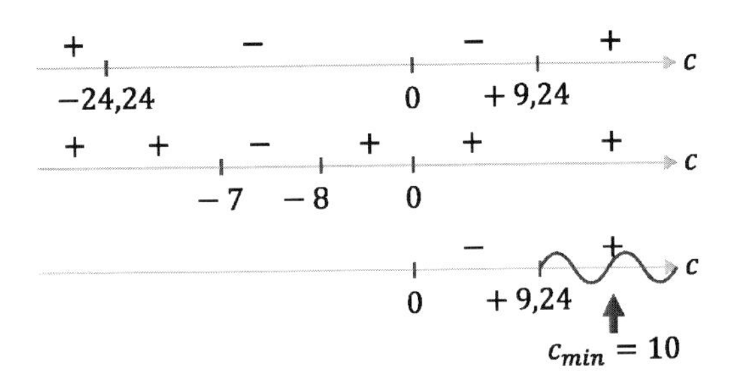

Gabarito: **Item e).**

2.24 (COPEMA/IFAL - Edital 01/2010) (Q28)

Uma urna tem 9 bolas, numeradas com os números de 1 a 9. Pedro e Mariana retiram, simultaneamente, uma bola da urna. Com as bolas retiradas eles formam um número de 2 algarismos, sendo que o número que está escrito na bola de Pedro é o algarismo das dezenas e o número que está escrito na bola de Mariana é o algarismo das unidades. Sabendo-se que a probabilidade do número ser ímpar é a/b, então $a + b$ é:

(a) 13.
(b) 14.
(c) 12.
(d) 11.
(e) 10.

Sugestão de Solução.

Sabendo que a bola retirada por Pedro é a bola que representa as dezenas elas não interferem na formação dos números ímpares, mas sim, nas probabilidades envolvidas. Assim,

Pedro pode retirar uma bola par ou uma bola ímpar, se Pedro tirar uma bola par a probabilidade associada é de 4/9 e a probabilidade de Mariana retirar uma bola ímpar é de 5/8. Assim, temos que

$$P(A \cap B) = P(A) \times P(A|B) = \frac{4}{9} \times \frac{5}{8} = \frac{20}{72} = \frac{5}{18}$$

Se Pedro tirar uma bola ímpar, a probabilidade associada é de 5/9 e a probabilidade de Mariana retirar uma outra bola ímpar é de 4/8. Assim temos que

$$P(A \cap B) = P(A) \times P(A|B) = \frac{5}{9} \times \frac{4}{8} = \frac{20}{72} = \frac{5}{18}$$

Assim a probabilidade total é dada por

$$\frac{5}{18} + \frac{5}{18} = \frac{10}{18} = \frac{5}{9}$$

Cuja soma $a + b$ é igual a 14.
Gabarito: **Item b)**.

2.25 (IFAL - Edital 06/2011) (Q9)

O sistema de segurança de um dos Campi do IFAL possui dois dispositivos que funcionam de modo independente e que tem probabilidades iguais a 0,25 e 0,35 de falharem. A probabilidade de que pelo menos um dos dois dispositivos não falhe é aproximadamente

(a) 0,09.
(b) 0,91.
(c) 0,25.
(d) 0,40.
(e) 0,60.

Sugestão de Solução.

Considere a probabilidade complementar de ocorrer A, sendo A o evento 'pelo menos um dos dois dispositivos não falhar', como sendo a probabilidade ocorrer B, sendo B o evento 'todos os dispositivos falharem'. Assim, a probabilidade de que pelo menos um dos dois dispositivos não falharem pode ser dada por P(A) = 1 - P(B).
Como os dispositivos funcionam de modo independente a probabilidade de os dois dispositivos falharem é dada por

$$P(B) = 0,25 \times 0,35 = 0,0875$$

Assim a probabilidades de pelo menos um dos dois dispositivos não falhar é

$$P(A) = 1 - P(B) = 1 - 0,0875 = 0,9125.$$

Gabarito: **Item b)**.

2.26 (IFAL - Edital 20/2012) (Q32)

Em uma prova de Física a probabilidade de que um aluno A resolva um exercício é de 40%, e a probabilidade de que outro aluno B resolva o mesmo exercício é de 25%. Calcule a probabilidade de que ambos os alunos resolvam o mesmo exercício.

(a) 10%.
(b) 15%.
(c) 30%.
(d) 65%.
(e) 25%.

Sugestão de Solução.
Temos dois eventos independentes uma vez que o fato de o aluno A acertar ou errar a questão não altera a probabilidade de o aluno B acertar ou errar a questão, logo

$$P(A \cap B) = P(A) \times P(B)$$

E, portanto,

$$P(A \cap B) = 40\% \times 25\% = \frac{40}{100} \times \frac{25}{100} = \frac{1000}{10000} = \frac{1}{10} = 0,1 = 10\%$$

Gabarito: **Item a)**.

2.27 (IFAL - Edital 31/2014) (Q4)

Em certo clube de futebol, sabe-se que 80% dos pênaltis marcados são cobrados por jogadores destros. A
probabilidade de um pênalti ser convertido se o cobrador for destro é

40% e de 70% caso o jogador seja
canhoto. Se um pênalti acabou de ser marcado, a probabilidade de o pênalti ser convertido é:

(a) 0,14.
(b) 0,32.
(c) 0,46.
(d) 0,60.

Sugestão de Solução:

Nesse caso, utilizamos o Teorema da Probabilidade Total diretamente a partir da partição:

$$\wp = \{D; C\}$$

Ω : {Todos os pênaltis cobrados por jogadores do time}
D : {O pênalti foi cobrado por jogador destro}
C : {O pênalti foi cobrado por jogador canhoto}
G : {O pênalti foi convertido em gol}

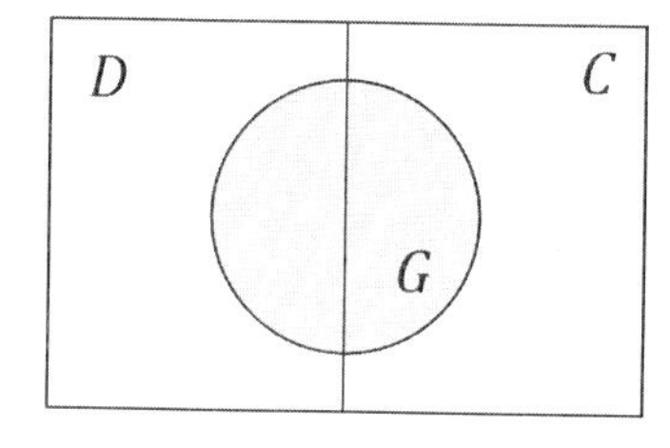

Nesse caso, as probabilidades envolvidas são
$P(D) = 0,80$
$P(C) = 0,20$
$P(G|D) = 0,40$
$P(G|C) = 0,70$
Deste modo,

$$P(G) = P(D) * P(G|D) + P(C) * P(G|C)$$

$$P(G) = 0,80 * 0,40 + 0,20 * 0,70$$

$$\therefore \quad P(G) = 0,46$$

Gabarito: **Item c**).

2.28 (IFAL - Edital 20/2012) (Q1)

Os alunos do curso de Licenciatura em matemática cursam 4 disciplinas no semestre, entre as quais Cálculo Diferencial e Álgebra Linear. As avaliações finais do período serão realizadas numa única semana de junho (segunda a sexta). Admitindo que cada professor escolha o dia da sua avaliação ao acaso, a probabilidade de que não haja mais do que uma avaliação em cada dia é:

(a) 4/25.

(b) 1/120.

(c) 4/125.

(d) 2/125.

(e) 24/125.

Sugestão de Solução.

Considere as disciplinas como sendo A, B, C e D.

A probabilidade de que não haja mais do que uma avaliação em cada dia corresponde à probabilidade de haja apenas uma avaliação em cada dia, logo o número de casos favoráveis é dado por:

S	*T*	*Q*	*Q*	*S*
A	*B*	*C*	*D*	

Temos 4 disciplinas para distribuir em 5 dias da semana, o que resulta em um total de:

$$n(E) = 5 \times 4!$$

O total de casos possíveis é dado pelo princípio multiplicativo, pis para cada avaliação a ser alocada temos 5 possibilidades,

S	*T*	*Q*	*Q*	*S*

$$n(U) = 5 \times 5 \times 5 \times 5 = 5^4$$

E a probabilidade pedida é dada por:

$$P(E) = \frac{n(E)}{n(U)} = \frac{5 \times 4!}{5^4} = \frac{4!}{5^3} = \frac{24}{125}$$

Gabarito: **Item e)**.

2.29 (COMPERVE/IFRN ESTATÍSTICO - Edital 2010) (Q20)

Em uma Escola funcionam três Cursos Tecnológicos: Mecânica, Enfermagem e Informática. Com base nos registros acadêmicos, sabe-se que 30% dos alunos fazem o Curso de Mecânica, 30% fazem Enfermagem e os demais frequentam o Curso de Informática. Dos alunos que fazem Mecânica, 20% fazem um curso de idiomas em Língua Inglesa. Entre aqueles que fazem Enfermagem, 10% fazem um Curso de Idiomas em Língua Inglesa e no Curso de Informática, 30% fazem um curso de Língua Inglesa. Um aluno é selecionado aleatoriamente nessa Escola e verifica-se que ele faz um Curso de Língua Inglesa. Então a probabilidade de ele ser um aluno do Curso de Enfermagem é

(a) 3/100.

(b) 1/7.

(c) 7/10.

(d) 1/3.

Sugestão de Solução.

Utilizaremos a Regra de Bayes a partir da partição:

$$\wp = \{M; E; F\}$$

Ω : {Todos os alunos da escola}
M : {O aluno é do curso de Mecânica}
E : {O aluno é do curso de Enfermagem}
F : {O aluno é do curso de Informática}
I : {O aluno faz curso de Inglês}

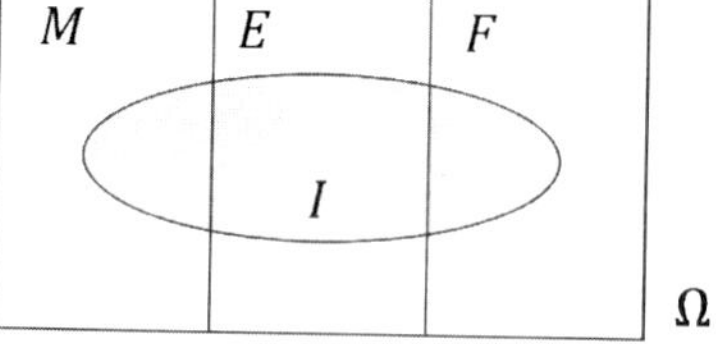

Nesse caso, as probabilidades *a priori* são
$P(M) = 0,30$

$P(E) = 0,30$
$P(F) = 0,40$
As verossimilhanças são:
$P(I|M) = 0,20$
$P(I|E) = 0,10$
$P(I|F) = 0,30$
Deseja-se calcular a probabilidade *a posteriori*,
$P(E|I) =?$.
Deste modo, pela Regra de Bayes, segue que

$$P(E|I) = \frac{P(E) * P(I|E)}{P(E) * P(I|E) + P(M) * P(I|M) + P(F) * P(I|F)}$$

$$P(E|I) = \frac{0,30 * 0,10}{0,30 * 0,10 + 0,30 * 0,20 + 0,40 * 0,30}$$

$$P(E|I) = \frac{0,03}{0,03 + 0,06 + 0,12} = \frac{0,03}{0,21}$$

$$\therefore \quad P(E|I) = +\frac{1}{7}$$

Gabarito: **Item b)**.

2.30 (COMPERVE/IFRN ESTATÍSTICO - Edital 2010) (Q29)

Em famílias com três filhos, considere as variáveis aleatórias: X, o número de filhos do sexo masculino; e Y assumindo valores 1, se o primeiro filho é do sexo masculino, ou 0, se o primeiro filho é do sexo feminino. Então, admitindo-se os princípios de independência e equiprobabilidade em relação ao sexo, a probabilidade condicional $P(X = 2|Y = 1)$ é

(a) 1/4.
(b) 1/2.
(c) 2/3.
(d) 3/8.

Sugestão de Solução.
Observe que:

$X = 2 \rightarrow 2$ filhos do sexo masculino
$Y = 1 \rightarrow 1^{\circ}$ filho do sexo masculino, e:

$$P(X = 2|y = 1)$$

Equivale à probabilidade do casal ter dois filhos do sexo masculino sendo que o primeiro filho foi do sexo masculino.
As possibilidades com o primeiro filho do sexo masculino são: (M,F,F); (M,F,M); (M, M, F) e (M,M,M), logo a probabilidade pedida é:

$$P(X = 2|y = 1) = \frac{2}{4} = \frac{1}{2}$$

Gabarito: **Item b)**.

2.31 (IFRN MATEMÁTICA – Edital 2006) (Q16)

Selecionando ao acaso duas das arestas de um cubo, a probabilidade de que estas arestas sejam paralelas é de:
(a) 5/12.
(b) 1/2.
(c) 1/3.
(d) 1/4.

Sugestão de solução.
Considere um cubo ABCDEFGH e suas arestas:

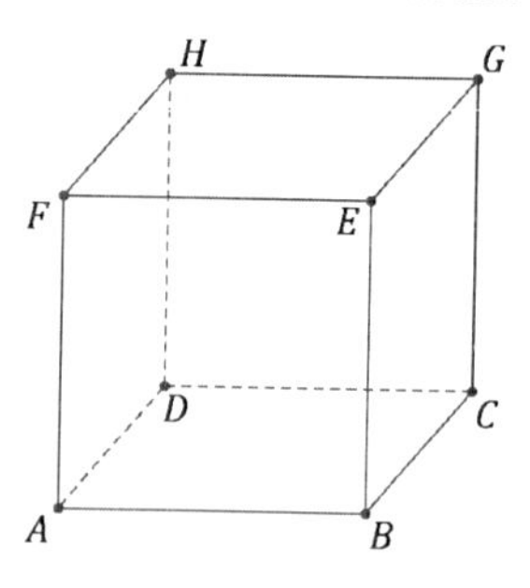

São arestas do cubo:
AB, BC, CD, DA, AF, BE, CG, DH, FE, EG, GH e HF

Com estas 12 arestas o total de pares de arestas que podemos formar é:

$$C_{12,2} = \frac{12!}{2! \times (12 - 2)!} = 66$$

Observe que:
AB é paralela a EF, HG e CD
BC é paralela a AD, FH e EG
CD é paralela a EF e HG
AD é paralela a EG e HF
Assim temos na base ABCD 10 pares de arestas paralelas
AF é paralela a BE, CG e DH
BE é paralela a CG e DH
CG é paralela a DH
Nas faces laterais temos 6 pares de arestas paralelas
EF é paralela a HG
EG é paralela a FH
No topo temos 2 pares de arestas paralelas, totalizando 18 pares de arestas paralelas em um total de 66 pares, logo a probabilidade é de:

$$P(E) = \frac{18}{66} = \frac{3}{11}$$

Gabarito: **Nula**.

2.32 (IFRN MATEMÁTICA - Edital 2006) (Q17)

Dez pessoas, dentre elas João e Maria, são separadas em dois grupos de 5 pessoas cada um. A probabilidade de que João e Maria façam parte do mesmo grupo é de:
(a) 1/45.
(b) 2/9.
(c) 4/9.
(d) 1/90.

Sugestão de solução.
O espaço amostral deste exercício consiste em todos os grupos

possíveis de 5 pessoas que podem ser formados a partir de 10 pessoas, ou seja:

$$C_{10,5} = \frac{10!}{5! \times (10 - 5)!} = 252$$

Se considerarmos que João e Maria devem fazer parte do mesmo grupo, independente da ordem, temos que o número de grupos em que João e Maria aparecem junto é de:

$$2 \times C_{8,3} = 2 \times \frac{8!}{3! \times (8 - 3)!} = 2 \times 56 = 112$$

Logo a probabilidade pedida é de:

$$P(E) = \frac{112}{252} = \frac{4}{9}$$

Gabarito: **Item c**).

2.33 (IFRN MATEMÁTICA – Edital 2006) (Q18)

Desenha-se um alvo com a forma de um quadrado, conforme mostra a figura abaixo. E é o ponto médio de AD. Se um dardo é arremessado aleatoriamente no alvo, a probabilidade de que ele atinja o interior do quadrilátero EFCD é de:

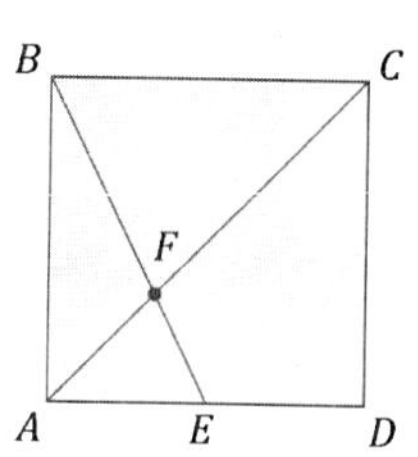

(a) 5/12.

(b) 7/12.

(c) 1/3.

(d) 1/2.

Sugestão de solução.

Neste exercício a probabilidade está associada com as áreas das figuras planas podendo ser expressa da seguinte forma:

$$P(E) = \frac{\text{Área do quadrilátero EFCD}}{\text{Área do quadrado ABCD}}.$$

Se considerarmos a medida do lado do quadrado ABCD como l temos:

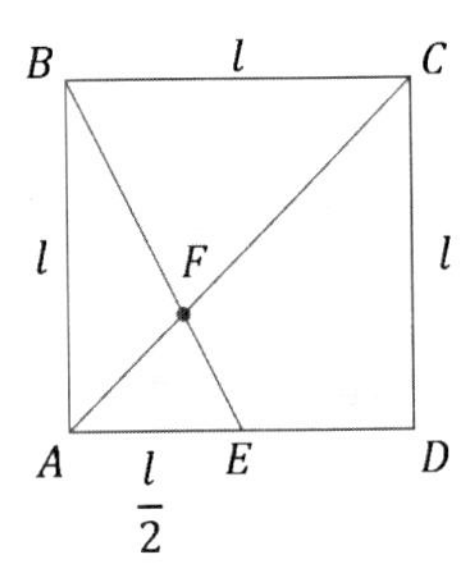

Observe que os triângulos AEF e BCF são semelhantes e a razão de semelhança é ½ assim temos:

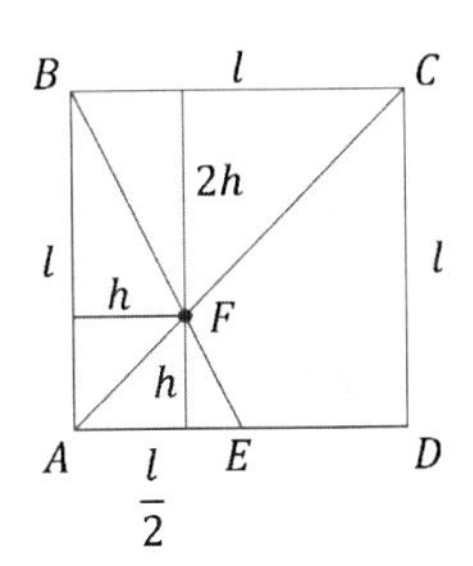

Com isso temos as seguintes áreas de triângulos:

$$A_{BCF} = \frac{l \times 2h}{2} = l \times h$$

$$A_{ABF} = \frac{l \times h}{2}$$

$$A_{AEF} = \frac{\frac{l}{2} \times h}{2} = \frac{l \times h}{4}$$

Lembrando que h é 1/3 de l temos:

$$A_{BCF} = \frac{l \times 2h}{2} = l \times h = l \times \frac{l}{3} = \frac{l^2}{3}$$

$$A_{ABF} = \frac{l \times h}{2} = \frac{l \times \frac{l}{3}}{2} = \frac{l^2}{6}$$

$$A_{AEF} = \frac{\frac{l}{2} \times h}{2} = \frac{l \times h}{4} = \frac{l \times \frac{l}{3}}{4} = \frac{l^2}{12}$$

Somando as áreas dos triângulos temos:

$$\frac{l^2}{3} + \frac{l^2}{6} + \frac{l^2}{12} = \frac{7l^2}{12}$$

Subtraindo está soma da área do quadrado obtemos a área do quadrilátero EFCD:

$$A_{EFCD} = l^2 - \frac{7l^2}{12} = \frac{5l^2}{12}$$

Assim a probabilidade pedida é dada por:

$$P(E) = \frac{\text{Área do quadrilátero EFCD}}{\text{Área do quadrado ABCD}} = \frac{\frac{5l^2}{12}}{l^2} = \frac{5}{12}$$

Gabarito: **Item a)**.

2.34 (IFRN MATEMÁTICA - Edital 36/2011) (Q02)

Dois garotos querem fazer uma disputa de cara ou coroa, mas ambos estão sem moedas. Resolvem então cada um retirar uma moeda de um cofrinho. No cofre, existem três moedas de R$ 0,10, três de R$ 0,25, duas de R$ 0,50 e quatro de R$ 1,00. Cada garoto retira, sucessivamente e sem reposição, uma moeda do cofre e faz o lançamento. A probabilidade de que, no primeiro lançamento, o resultado seja coroa na moeda de R$ 0,25 e, no segundo, cara na moeda de R$ 1,00 é de, aproximadamente,

(a) 1,98%.
(b) 2,08%
(c) 2,27%.
(d) 3,07%.

Sugestão de solução.

Como no cofrinho temos 3 moedas de 0,10, 3 moedas de 0,25, 2 moedas de 0,50 e 4 de 1,00 a probabilidade de, no primeiro lançamento, ser retirada uma moeda de 0,25 é de:

$$P(A) = \frac{3}{12} = \frac{1}{4}$$

Como os eventos são independentes, ou seja, o fato de a moeda ser de 0,25 não afeta a probabilidade de sair cara ou coroa, temos que no primeiro lançamento a probabilidade de sair coroa em uma moeda de 0,25 é de:

$$P(A \cap C) = \frac{1}{4} \times \frac{1}{2} = \frac{1}{8}$$

No segundo lançamento deve ser observado que não houve reposição da primeira moeda, logo a probabilidade de ser retirada uma moeda de 1,00 é de:

$$P(B) = \frac{4}{11}$$

E a probabilidade de sair cara na moeda de 1,00 é de:

$$P(B \cap C) = \frac{4}{11} \times \frac{1}{2} = \frac{4}{22} = \frac{2}{11}$$

Assim a probabilidade de que, no primeiro lançamento, o resultado seja coroa na moeda de R$ 0,25 e, no segundo, cara na moeda de R$ 1,00 é de, aproximadamente:

$$\frac{1}{8} \times \frac{2}{11} = \frac{2}{88} = \frac{1}{44} = 0,02272\ldots \cong 2,27\%$$

Gabarito: **Item c**).

2.35 (IFRS MATEMÁTICA/ESTATÍSTICA - Edital 2009) (Q24)

Lançam-se dois dados com faces numeradas de 1 a 6. Calcule a probabilidade de que a soma obtida seja 10.

(a) 1/2.

(b) 3/2.

(c) 1/12.

(d) 3.

(e) 5/12.

Sugestão de solução.

Organizando os dados na forma de tabela temos o seguinte espaço amostral:

	1	2	3	4	5	6
1	2	3	4	5	6	7
2	3	4	5	6	7	8
3	4	5	6	7	8	9
4	5	6	7	8	9	10
5	6	7	8	9	10	11
6	7	8	9	10	11	12

Das 36 possibilidades deste espaço amostral 3 delas são favoráveis, ou seja, apresentam a soma 10, logo:

$$P(E) = \frac{3}{36} = \frac{1}{12}$$

Gabarito: **Item c**).

2.36 (IFRS MATEMÁTICA/ESTATÍSTICA - Edital 2009) (Q29)

Uma urna contém 40 cartões, numerados de 1 a 40. Se retirarmos ao acaso um cartão dessa urna, qual a probabilidade de o número escrito no cartão ser um múltiplo de 4 ou um múltiplo de 3?

(a) 30%.
(b) 50%.
(c) 75%.
(d) 10%.
(e) 100%.

Sugestão de solução.

O número de possibilidades favoráveis dentro deste universo de 40 cartas numeradas é dado pelo conjunto dos múltiplos de 3 e dos múltiplos de 4 até 40, ou seja:

$$M(3) = \{3, 6, 9, 12, 15, 18, 21, 24, 27, 30, 33, 36, 39\}$$

$$M(4) = \{4, 8, 12, 16, 20, 24, 28, 32, 36, 40\}$$

Fazendo a união destes dois conjuntos temos:

$$M(3 \text{ ou } 4) = \{3, 4, 6, 8, 9, 12, 15, 16, 18, 20, 21, 24, 27, 28, 30, 32, 33, 36, 39, 40\}$$

Em um total de 20 possibilidades, logo:

$$P(E) = \frac{20}{40} = \frac{1}{2} = 0,5 = 50\%$$

Gabarito: **Item b).**

2.37 (IFRS ESTATÍSTICA - Edital 05/2010) (Q16)

Um jogador lança dois dados ao mesmo tempo. Qual a probabilidade de encontrar a soma 5(cinco) nos dois dados?

(a) 0,1245.
(b) 0,0277.
(c) 0,1111.
(d) 0,2222.
(e) 0,2235.

Sugestão de solução.

Organizando as possibilidades na forma de uma tabela temos:

	1	2	3	4	5	6
1	1 - 1	1 - 2	1 – 3	1 – 4	1 - 5	1 – 6
2	2 - 1	2 - 2	2 – 3	2 – 4	2 - 5	2 – 6
3	3 - 1	3 - 2	3 – 3	3 – 4	3 - 5	3 – 6
4	4 - 1	4 - 2	4 – 3	4 – 4	4 - 5	4 – 6
5	5 - 1	5 - 2	5 – 3	5 - 4	5 - 5	5 - 6
6	6 - 1	6 - 2	6 – 3	6 - 4	6 - 5	6 - 6

Desta forma temos um universo de 36 possibilidades e apenas uma favorável, logo:

$$P(E) = \frac{1}{36} = 0,02777\ldots$$

Gabarito: **Item c)**.

2.38 (IFRS ESTATÍSTICA - Edital 05/2010) (Q21)

No lançamento simultâneo de dois dados não viciados, a probabilidade de que soma dos números das faces superiores seja um número primo é igual a:

(a) 15/31.

(b) 5/12.

(c) 5/7.

(d) 3/5.

(e) 11/12.

Sugestão de solução.

O conjunto universo deste exercício pode ser representado na forma de uma tabela:

	1	2	3	4	5	6
1	2	3	4	5	6	7
2	3	4	5	6	7	8
3	4	5	6	7	8	9
4	5	6	7	8	9	10
5	6	7	8	9	10	11
6	7	8	9	10	11	12

Nesta tabela temos 36 somas e destas 15 são números primos, logo:

$$P(E) = \frac{15}{36} = \frac{5}{12}$$

Gabarito: **Item b)**.

2.39 (IFRS ESTATÍSTICA - Edital 05/2010) (Q22)

Para eventos mutuamente exclusivos é correto afirmar que:

(a) $P(A \cup B) = P(A) \cdot P(B) - P(A \cap B)$.

(b) $P(A \cup B) = P(A).P(B)$.

(c) $P(AUB) = P(A) + P(B)$.

(d) $P(A \cap B) = P(A) \cdot P(B) - P(AUB)$.

(e) $P(A \cap B) = P(A)/P(B)$.

Sugestão de solução.

Dois eventos mutuamente exclusivos são tais que $P(A \cap B) = 0$ pois a ocorrência de um exclui a ocorrência do outro.

Por outro lado, sabemos que $P(A \cup B) = P(A) + P(B) - P(A \cap B)$ e como $P(A \cap B) = 0$ para eventos mutuamente exclusivos temos que:

$$P(A \cup B) = P(A) + P(B)$$

Gabarito: **Item c)**.

2.40 (IFRS ESTATÍSTICA - Edital 05/2010) (Q23)

Se dois eventos A e B são independentes, então satisfaz a seguinte relação:

(a) $P(A \cap B) = P(A) \cdot P(B)$.

(b) $P(A \cup B) = P(A).P(B)$.

(c) $P(A \cup B) = P(A)/P(B)$.

(d) $P(A \cap B) = P(A).P(B) - P(AUB)$.

(e) $P(A \cap B) = P(A)/P(B)$.

Sugestão de solução.

Se dois eventos A e B são independentes então a probabilidade de ocorrência de um deles não afeta a probabilidade de ocorrência do outro, ou seja o fato de ocorrer o evento A não altera a probabilidade de ocorrência do evento B.

Sabemos da probabilidade condicional que:

$$P(A|B) = \frac{P(A \cap B)}{P(B)}$$

Como A e B são independentes temos que $P(A|B) = P(A)$ e:

$$P(A) = \frac{P(A \cap B)}{P(B)} \rightarrow P(A \cap B) = P(A) \times P(B)$$

Gabarito: **Item a)**.

2.41 (IFRS ESTATÍSTICA - Edital 05/2010) (Q24)

Numa pesquisa realizada com 500 pessoas sobre a qualidade dos serviços de transporte prestados por duas empresas para uma estatal: "A REALCE e a PASSE BEM", as respostas foram as seguintes:

- 250 responderam que a "A REALCE" tem qualidade no transporte;
- 300 responderam que a "PASSE BEM" tem qualidade no transporte;
- 200 responderam que ambas as empresas têm qualidade no transporte;
- As restantes responderam que nenhuma das duas empresas tem

qualidade no transporte.

Escolhendo-se uma pessoa ao acaso, a probabilidade de que tenha respondido a empresa "PASSE BEM" não tem qualidade no transporte é igual a:

(a) 4/15.

(b) 3/5.

(c) 7/5.

(d) 1/5.

(e) 2/5.

Sugestão de solução.

Considerando;

R = A REALCE

P = PASSE BEM

Os dados do exercício podem ser organizados na forma de um diagrama, ou seja;

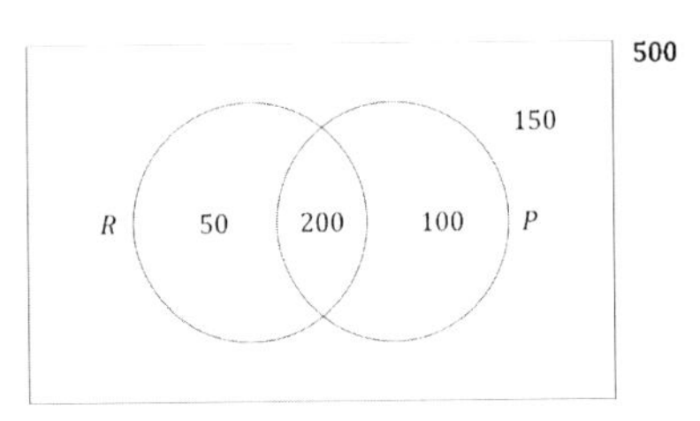

Observe que de um universo de 500 pessoas 100 responderam que PASSE BEM tem qualidade no transporte e que 200 pessoas responderam que AMBAS têm qualidade no transporte, assim o número de pessoas que respondeu que PASSE BEM não tem qualidade no transporte é de 200 pessoas e a probabilidade pedida é:

$$P(E) = \frac{200}{500} = \frac{2}{5}.$$

Gabarito: **Item e**).

2.42 (IFRS ESTATÍSTICA - Edital 05/2010) (Q25)

Um teste sobre cromatização de metais garante que 90% dos metais cromados passa no teste de controle de qualidade. Supondo que se faça um teste com uma amostra com 5 metais. A probabilidade de que nenhum desses metais passe no teste de controle de qualidade é:

(a) $1/10^4$.
(b) $1/10^5$.
(c) $1/10^3$.
(d) $1/10^2$.
(e) 1/10.

Sugestão de solução.

Neste exercício temos uma situação em que os únicos resultados possíveis são passar no teste ou não passar no teste de cromatização, assim temos uma probabilidade de um evento binomial, cuja forma é:

$$P(X = k) = \binom{n}{k} \times p^k \times q^{n-k}$$

Onde p é a probabilidade de sucesso, ou passar no teste, e q é a probabilidade de fracasso, ou não passar no teste.
Assim a probabilidade de X = 0 metais passarem no teste é dada por:

$$P(X = 0) = \binom{5}{0} \times 0,9^0 \times 0,1^{5-0} = 1 \times 1 \times 0,1^5 = \frac{1}{10^5}$$

Gabarito: **Item b)**.

2.43 (FCM/IFSUDESTE MG - Matemática Edital /2018) (Q08)

O jogo da memória é um clássico jogo formado por peças que apresentam uma figura em um dos lados. Cada figura se repete em duas peças diferentes. Para começar o jogo, as peças são postas com as figuras voltadas para baixo, para que não possam ser vistas. Cada participante deve, na sua vez, virar duas peças e deixar que todos as vejam. Caso as figuras sejam iguais, o participante deve recolher consigo este par e jogar novamente. Se forem peças diferentes, estas devem ser viradas novamente, sendo passada a vez ao participante seguinte. Ganha o jogo que, ao final, tiver mais pares.

(Fonte: `http://www.wikipedia.org/wiki/Jogo_de_mem%.C3%B3ria`. Acesso em: 16.jan.2019).

Dois jogadores "A" e "B" disputam uma rodada de um jogo da memória de 8 cartas, sendo 4 pares de figuras iguais. O jogador "A" vira 2 cartas da seguinte maneira: primeiramente escolhe e vira uma, para depois escolher e virar sua segunda carta que não é igual à primeira. Em seguida, percebendo que as figuras não são iguais, as cartas são viradas para baixo novamente. O jogador "B", que memorizou bem as cartas viradas pelo jogador "A", escolhe primeiramente uma carta diferente das que o jogador "A" havia escolhido.
Nessa jogada, a probabilidade de "B" formar um par escolhendo uma figura igual à primeira virada é

(a) 1/3.
(b) 2/3.
(c) 1/12.
(d) 2/15.
(e) 7/15.

Sugestão de solução.
Suponha duas figuras do tipo 1, do tipo 2, do tipo 3 e do tipo 4:

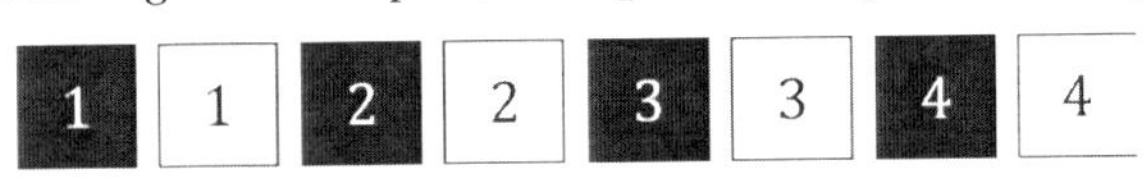

Vamos definir os eventos aleatórios:
E: O jogador "A" escolhe cartas diferentes (e tem que as virar de volta);
F: O jogador "B" escolhe uma carta diferente das cartas que já foram escolhidas (anteriormente) pelo jogador "A";
G: E e F acontecem em sequência;
H: O jogador "B" forma um par de cartas iguais.
De acordo com o enunciado, E **aconteceu**, de modo que, sem perda de generalidade,

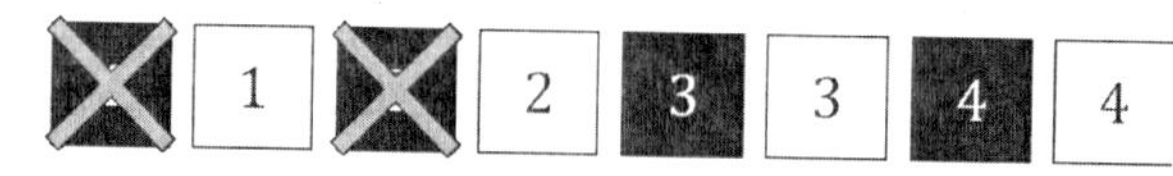

De acordo com o enunciado, F também **aconteceu**, ou seja, $G = E \cap F$ **aconteceu**:

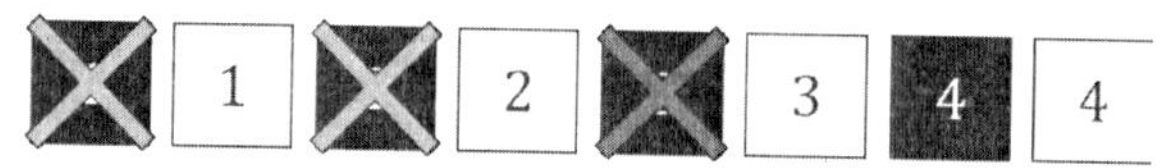

Nesse caso, a probabilidade de o evento H acontecer será **condicional** por causa das certezas anteriores e calcularemos a probabilidade tendo em vista que as duas cartas que foram escolhidas pelo jogador "A" são bem conhecidas de "B" e não interessam, de modo a não serem levadas em consideração, já a carta distinta que foi escolhida e virada pelo jogador "B" também não entrará na contabilidade. Existe, portanto, uma única carta que interessa a "B" (que repetirá a sua escolha anterior) e 5 possibilidades para a nova escolha, logo

$$P(H|G) = \frac{\#(H|G)}{\#G} = \frac{1}{5}$$

Gabarito oficial: **Item e)**

Nossa resposta: **Nenhum dos itens fornecidos**.

□

COMENTÁRIO:

Calculando a probabilidade incondicional de os eventos acontecerem em sequência:

(i) $P(E) = 6/7$

(ii) $P(F|E) = 4/6$

$$P(G) = P(E \cap F) = P(E).P(F|E) = \frac{6}{7} \cdot \frac{4}{6} = \frac{4}{7}$$

E, por fim,

$$P(E \cap F \cap H) = P(G \cap H) = P(G).P(H|G) = \frac{4}{7} \cdot \frac{1}{5} = \frac{4}{35}$$

Perceba que, nem mesmo assim, surgiu o resultado proposto pela banca no gabarito oficial.

2.44 (IFNMG Edital 08 de 2014) (Q27)

Um candidato descobre que, das 20 questões de uma prova, 6 têm como resposta certa o item a, 5 o item b, 6 o item c e 3 o item d. Como ele não sabe a ordem das respostas, faz uma sequência que respeita a distribuição acima ao preencher o gabarito. Dessa forma, a probabilidade de ele acertar todas as questões é:

(a) 1/20!.

(b) (6!/20!).(5!/20!). (6!/20!). (3!/20!).

(c) (6!.5!.6!.3!)/20!.

(d) 20!/(6!.5!.6!.3!).

Sugestão de solução.

Podemos considerar o gabarito desta prova como um anagrama, assim a sequência deste candidato será:

AAAAAABBBBBCCCCCCDDD

O número total de anagramas possíveis corresponde a uma permutação com repetição.

$$P_{20}^{6,5,6,3} = \frac{20!}{6! \times 5! \times 6! \times 3!}$$

A probabilidade de ocorrer a sequência escolhida pelo candidato é de:

$$P(E) = \frac{1}{\frac{20!}{6! \times 5! \times 6! \times 3!}} = \frac{6! \times 5! \times 6! \times 3!}{20!}$$

Gabarito: **Item c)**.

2.45 (IFNMG Edital 08 de 2014) (Q28)

Um laboratório desenvolve um novo teste para detecção de hepatite. Foram testados 5.000 pacientes com os seguintes resultados:

Hepatite	Teste		Total
	Positivo	Negativo	
Presente	160	20	180
Ausente	40	4.780	4.820
Total	200	4.800	5.000

Considerando que sensibilidade de um teste é a probabilidade de o teste ser positivo, sabendo-se que o paciente está doente, podemos afirmar que a sensibilidade do teste acima é:

(a) 4/125.

(b) 1/9.

(c) 4/5.

(d) 8/9.

Sugestão de solução.

De acordo com os dados do exercício temos m case de probabilidade condicional, onde se procura a probabilidade do teste ser positivo sabendo-se que que o paciente está doente, ou seja:

$$P(A|B) = \frac{P(A \cap B)}{P(B)}$$

Onde A consiste no teste dar positivo e B corresponde ao paciente estar doente, assim temos:

$$P(A|B) = \frac{n(A \cap B)}{n(B)} = \frac{160}{180} = \frac{8}{9}.$$

Gabarito: **Item d)**.

2.46 (IFNMG Edital 115 de 2012) (Q25)

Existem três lixeiras: verde, amarela e vermelha. Qual é a probabilidade de, em se jogando uma bolinha de papel, não acertar a lixeira verde?

(a) 33,33%.

(b) 66,67%.

(c) 99,99%.

(d) 25,50%.

Sugestão de solução.

Neste exercício temos uma situação em que podemos usar a probabilidade complementar, ou seja:

$$P(\text{não acerta a lixeira verde}) = 1 - P(\text{acertar a lixeira verde})$$

$$P(\text{não acerta a lixeira verde}) = 1 - \frac{1}{3} = \frac{2}{3} = 66,67\%.$$

Gabarito: **Item b)**.

2.47 (IFNMG Edital 018 de 2010) (Q07)

Cada um dos filhos de um determinado casal tem probabilidade 1/4 de ter sangue do tipo O. Se esse casal tem 4 filhos, qual a probabilidade de pelo menos um, dentre eles, ter sangue tipo O?

(a) 54/256.

(b) 81/256.

(c) 175/256.

(d) 108/256.

Sugestão de solução.

Neste exercício temos uma probabilidade do tipo sucesso ou fracasso, onde a criança tem o tipo O (sucesso) ou não (fracasso) tratando-se de uma probabilidade do tipo binomial, assim:

$$P(X = k) = \binom{n}{k} \times p^k \times q^{n-k}$$

Como queremos a probabilidade de que pelo menos um dos filhos tenha sangue do tipo O, usaremos a probabilidade complementar onde:

$$P(E) = 1 - P(\text{nenhum ter sangue do tipo O})$$

$$P(E) = 1 - P(x = 0)$$

Logo temos:

$$P(E) = 1 - P(X = 0) = 1 - \binom{4}{0} \times \left(\frac{1}{4}\right)^0 \times \left(\frac{3}{4}\right)^4,$$

$$P(E) = 1 - P(X = 0) = 1 - 4 \times 1 \times \left(\frac{3}{4}\right)^4,$$

$$P(E) = 1 - P(X = 0) = 1 - 1 \times 1 \times \frac{81}{256},$$

$$P(E) = 1 - P(X = 0) = 1 - \frac{81}{256} = \frac{175}{256}.$$

Gabarito: **Item c**).

2.48 (FCM IFNMG - 2018) (Q25)

Três dados com seis faces e numeradas de 1 a 6 são lançados sequencialmente sendo observadas as faces voltadas para cima. Os resultados dos dois primeiros dados lançados são multiplicados e este produto é somado ao resultado do terceiro dado lançado. A probabilidade desse resultado ser um número primo menor do que 8 é

(a) 5/72.

(b) 9/72.

(c) 13/108.

(d) 28/216.

(e) 29/216.

Sugestão de solução.

Podemos organizar os dados desse exercício em tabelas da seguinte forma:

Uma primeira tabela para o produto dos números dos dois primeiros dados.

	1	2	3	4	5	6
1	1	2	3	4	5	6
2	2	4	6	8	10	12
3	3	6	9	12	15	18
4	4	8	12	16	20	24
5	5	10	15	20	25	30
6	6	12	18	24	30	36

Uma segunda tabela para a soma destes valores com os resultados do terceiro dado

	1	2	3	4	5	6
1	2	3	4	5	6	7
2	3	4	5	6	7	
3	4	5	6	7		
4	5	6	7	8		
5	6	7	8			
6	7	8				
2	3	4	5	6	7	8
4	5	6	7	8		
6	7	8				
8						
10						
12						
3	4	5	6	7	8	
6	7	8				
9						
12						
15						
18						
4	5	6	7	8		
8						
12						
16						
20						
24						
5	6	7	8			
10						
15						
20						
25						
30						
6	7	8				
12						
18						
24						
30						
36						

Observe que de um total de $36 \times 6 = 216$ possibilidades temos 25 delas com um número primo menor que 8, logo a probabilidade desse evento ocorrer é de:

$$P(E) = \frac{26}{216} = \frac{13}{108}.$$

Gabarito: **Item c**).

2.49 (IFPB - Matemática e Probabilidade e Estatística - Edital 136/2011) (Q24)

Imagine que doze alunos do IFPB sejam distribuídos em três equipes com quatro alunos, para participar de um projeto multidisciplinar. Sabe-se que, desses alunos, apenas três têm um bom conhecimento em informática. Dessa forma, sorteando-se ao acaso as equipes, a probabilidade de que se tenha exatamente um desses alunos com bom conhecimento em informática, em cada equipe, é, aproximadamente

(a) 60%.

(b) 52%.

(c) 48%.

(d) 65%.

(e) 39%.

Sugestão de solução.

Vamos iniciar dividindo os alunos em dois grupos: os alunos comuns, C, e os alunos que têm um bom domínio de informática, I:

$$C = \{c_1; c_2; c_3; c_4; c_5; c_6; c_7; c_8; c_9\}$$

$$I = \{i_1; i_2; i_3\}$$

Agora vamos dividir os 12 alunos em três equipes de quatro alunos cada:

$$E_1 = \{\_;\_;\_;\_\} \qquad E_2 = \{\_;\_;\_;\_\} \qquad E_3 = \{\_;\_;\_;\_\}$$

Os casos possíveis incluem a alocação dos 12 alunos em 4 conjuntos sucessivamente. Ou seja,

$$\#\Omega = \binom{12}{4} \cdot \binom{8}{4} \cdot \binom{4}{4} = \frac{12!}{4!\,8!} \cdot \frac{8!}{4!\,4!} \cot 1 = \frac{12!}{4!\,4!\,4!}$$

$$= \frac{12 \cdot 11 \cdot 10 \cdot 9 \cdot 8 \cdot 7 \cdot 6 \cdot 5 \cdot 4!}{24 \cdot 24 \cdot 4!} = 34650 \text{ possibilidades.}$$

Os casos favoráveis incluem, em cada conjunto, exatamente um membro do conjunto C:

$$E_1 = \{i_j;\_;\_;\_\} \qquad E_2 = \{i_k;\_;\_;\_\} \qquad E_3 = \{i_l;\_;\_;\_\}$$

Deste modo, teremos

$$\#F = P_3\binom{9}{3}\cdot\binom{6}{3}\cdot\binom{3}{3} = 6\cdot\frac{9!}{3!\,6!}\cdot\frac{6!}{3!\,3!}\cdot 1 = \frac{6\cdot 9!}{3!\,3!\,3!}$$

$$= \frac{6\cdot 9\cdot 8\cdot 7\cdot 6\cdot 5\cdot 4\cdot 3!}{6\cdot 6\cdot 3!} = 10080 \text{ possibilidades.}$$

Por fim, a probabilidade fica

$$P(F) = \frac{\#F}{\#\Omega} = \frac{10080}{34650}\left(\frac{\div 210}{\div 210}\right) = \frac{48}{165} \cong 29,09\%$$

Gabarito Oficial: **Item c)**.
Nossa resposta: **Nenhum dos itens fornecidos**.

2.50 (IFPB - Matemática Edital 334 de 2013) (Q29)

Em uma reunião pedagógica do IFPB, estão reunidos 18 homens e 20 mulheres. Entre os homens, 8 são professores de Matemática, 6 são professores de Física e 4 são professores de Português. Entre as mulheres, 6 são professoras de Matemática, 10 são professoras de Física e 4 lecionam Português. Um desses profissionais foi escolhido aleatoriamente para receber um prêmio. Sabendo que a pessoa escolhida foi mulher, então a probabilidade de que ela seja professora de Matemática é de

(a) 18%.
(b) 29%.
(c) 24%.
(d) 27%.
(e) 30%.

Sugestão de solução.
Neste exercício temos um exemplo de probabilidade condicional, onde calculamos a probabilidade de ocorrer um evento A sabendo que

ocorreu um evento B, ou seja:

$$P(A|B) = \frac{P(A \cap B)}{P(B)}.$$

Neste caso A corresponde a ser professora de matemática e B corresponde a ser mulher, logo temos:

$$P(A|B) = \frac{P(A \cap B)}{P(B)} = \frac{n(A \cap B)}{n(B)} = \frac{6}{20} = \frac{3}{10} = 0,333\ldots \cong 33\%.$$

Gabarito: **Item e).**

2.51 (IFPB - Matemática Edital 334 de 2013) (Q30)

Um professor de Matemática resolveu elaborar uma prova com 10 questões, sendo cada uma delas do tipo V (verdadeiro) ou F (falso). Desse modo, caso um aluno decida responder todas as questões de forma aleatória, a probabilidade de ele acertar exatamente cinco questões dessa prova é de

(a) 3/1024.
(b) 63/256.
(c) 31/512.
(d) 55/128.
(e) 7/64.

Sugestão de solução.

Neste exercício temos um evento binomial, pois cada questão admite apenas duas possibilidades, verdadeiro ou falso, assim a probabilidade binomial é dada por:

$$P(X = k) = \binom{n}{k} \times p^k \times q^{n-k}$$

Onde p é a probabilidade de sucesso, ou seja, o aluno acertar, e q a probabilidade de fracasso, ou seja o aluno errar, assim temos:

$$P(X = 5) = \binom{10}{5} \times \left(\frac{1}{2}\right)^5 \times \left(\frac{1}{2}\right)^{10-5}$$

$$P(X = 5) = \frac{10!}{5! \times (10-5)!} \times \left((\frac{1}{2})\right)^5 \times \left(\frac{1}{2}\right)^5$$

$$P(X = 5) = \frac{10 \times 9 \times 8 \times 7 \times 6}{5 \times 4 \times 3 \times 2 \times 1} \times \left(\frac{1}{2}\right)^{10}$$

$$P(X = 5) = 252 \times \frac{1}{1024} = \frac{252}{1024} = \frac{63}{256}.$$

Gabarito: **Item b**).

2.52 (IFAM - Edital 005/2013) (Q46)

Um oculista realiza muitos exames numa mesma semana. Dos 300 pacientes que atendeu em uma semana 200 aferiram a pressão do olho, 140 fizeram uma retinografia e 140 fizeram um mapeamento da retina. Desses, 60 aferiram a pressão do olho e fizeram uma retinografia; 80 aferiram a pressão do olho e fizeram um mapeamento da retina e 60 fizeram uma retinografia e um mapeamento da retina, 20 fizeram os três exames. Sabendo que todos os pacientes fizeram pelo menos um exame, qual a probabilidade de selecionado um paciente ao acaso ele ter feito pelo menos 2 exames?

(a) 8/15.

(b) 7/15.

(c) 2/3.

(d) 1/15.

(e) 11/15.

Sugestão de solução:

Podemos organizar os dados desse exercício da seguinte forma:

P = pressão do olho

R = retinigrafia

M = mapeamento da retina

Colocando estes dados em um diagrama temos:

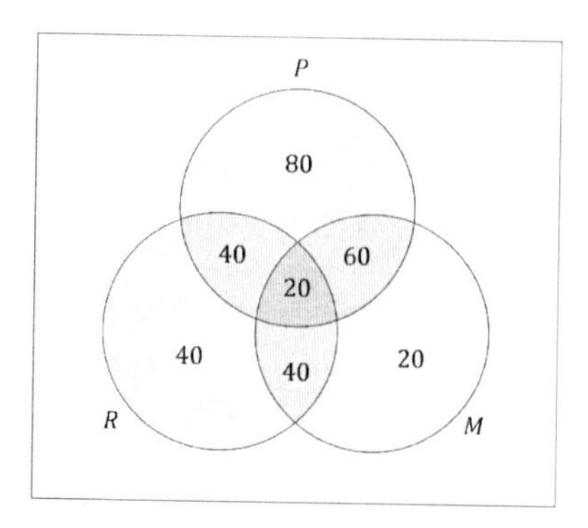

Com os dados organizados desta forma temos que o número de pacientes que fizeram pelo menor dois exames é de:

$$20 + 40 + 40 + 60 = 160$$

Pela definição de probabilidades temos que a probabilidade de ocorrer este evento é de:

$$P(E) = \frac{160}{300} = \frac{16}{30} = \frac{8}{15}$$

Gabarito: **Item a)**.

2.53 (IFSP - Edital 233/2015) (Q11)

Seja uma variável aleatória X com função distribuição de probabilidade dada na tabela a seguir:

x	0	1	2	3	4	5
$f(x)$	0	p^2	p^2	p	p	p^2

O valor de $P(x < 3)$ é dado por:

(a) 1/9.

(b) 2/9.

(c) 1/3.

(d) 1/2.

(e) 2/3.

Sugestão de Solução.

Considere que o total da distribuição de probabilidades é um evento certo cuja probabilidade total é igual a 1, assim:

$$f(0) + f(1) + f(2) + f(3) + f(4) + f(5) = 1$$
$$0 + p^2 + p^2 + p + p + p^2 = 1$$
$$3 \times p^2 + 2 \times p = 1$$
$$3p^2 + 2p - 1 = 0$$

Com esta equação de segundo grau podemos encontrar um valor de p.

$$\Delta = b^2 - 4 \times a \times c$$
$$\Delta = 2^2 - 4 \times 3 \times (-1)$$
$$\Delta = 4 + 12 = 16$$
$$x = \frac{-b \pm \sqrt{\Delta}}{2a}$$
$$\Delta = \frac{-2 \pm \sqrt{16}}{2 \times 3} = \frac{-2 \pm 4}{6}$$
$$x_1 = \frac{-2 + 4}{6} = \frac{2}{6} = \frac{1}{3}$$
$$x_2 = \frac{-2 - 4}{6} = \frac{-6}{6} = -1$$

Conhecendo o valor de p temos que:

$$p(x < 3) = p(0) + p(1) + p(2)$$
$$p(x < 3) = 0 + p^2 + p^2$$
$$p(x < 3) = 2 \times p^2$$
$$p(x < 3) = 2 \times \left(\frac{1}{3}\right)^2$$
$$p(x < 3) = 2 \times \frac{1}{9} = \frac{2}{9}$$

Gabarito: **Item b)**.

2.54 (IFSP - Edital 233/2015) (Q18)

Um lote de mercadoria é recebido pelo inspetor de qualidade que seleciona aleatoriamente 10 unidades. Ele rejeita o lote se achar 2 ou mais unidades com defeitos. Assumindo que 10% das unidades do lote são defeituosas, calcule a probabilidade de o lote ser rejeitado. (Sug: $0{,}9^9 \approx 0{,}39$).

(a) 10 %

(b) 65 %

(c) 74 %

(d) 26 %

(e) 34 %.

Sugestão de solução.

Como cada unidade só tem duas possibilidades, com defeito ou sem defeito, temos um caso de distribuição binomial de probabilidades onde:

$$P(x = K) = \binom{n}{k} \times P^k \times q^{n-k}$$

Onde p é a probabilidade de sucesso e q a probabilidade de fracasso. Para que o lote tenha 2 ou mais unidades com defeito ele não pode ter apenas 1 ou nenhuma unidade com defeito, assim podemos calcular esta probabilidade de ocorrer este evento com uma probabilidade complementar, ou seja:

$$P(E) = 1 - P(\text{nenhuma peça defeituosa}) - P(\text{pelo menos uma peça defeituosa})$$

$$P(E) = 1 - P(X = 0) - P(X = 1)$$

Ou seja:

$$P(E) = 1 - \binom{10}{0} \times 0,1^0 \times 0,9^{10-0} - \binom{10}{1} \times 0,1^1 \times 0,9^{10-1}$$

$$P(E) = 1 - 1 \times 1 \times 0,9^{10} - 10 \times 0,1 \times 0,9^9$$

$$P(E) = 1 - 0,9^{10} - 0,9^9$$

$$P(E) = 1 - 0,35 - 0,39 = 0,26 = 26\%.$$

Gabarito: **Item d**).

2.55 (IFSP - Edital 233/2015) (Q21)

Numa produção artesanal de peças industriais montava-se diariamente 12 unidades de um determinado produto. Para monitorar a qualidade coletava-se aleatoriamente 4 dessas unidades. A produção é interrompida caso haja mais de uma unidade com defeito. Calcule a probabilidade da produção ser interrompida, considerando 2 como o número de peças com defeito por dia.

(a) 10/11.
(b) 1/11.
(c) 7/11.
(d) 5/11.
(e) 8/11.

Sugestão de Solução.

Observe que o número de maneiras diferentes de se coletar 4 peças aleatoriamente é dado por

$$C_{12,4} = \frac{12!}{4! \times (12-4)!} = \frac{12!}{4! \times 8!} = 11 \times 5 \times 9 = 495$$

A frase 'A produção é interrompida caso haja mais de uma unidade com defeito' informa que a produção não é interrompida quando temos 0 ou apena 1 peça com defeito.

Considerando que apenas duas peças têm defeito o número de maneiras diferentes de selecionar 4 peças sem defeito é dada por

$$C_{10,4} = \frac{10!}{4! \times (10-4)!} = \frac{10!}{4! \times 6!} = 10 \times 3 \times 7 = 210$$

E de selecionar 4 peças nas quais apenas 1 está com defeito é

$$2 \times C_{10,3} = 2 \times \frac{10!}{3! \times (10-3)!} = 2 \times \frac{10!}{3! \times 7!} = 2 \times 10 \times 3 \times 4 = 240$$

Assim, de um total de 495 maneiras de escolher 4 peças, temos $210 + 240 = 450$ maneiras de a produção não ser interrompida e 45

maneiras da produção ser interrompida.
Desta forma, a probabilidade pedida é de

$$P(E) = \frac{45}{495} = \frac{1}{11}$$

Gabarito: **Item b)**.

2.56 (IFSP - Edital 233/2015) (Q38)

A figura a seguir ilustra o diagrama de Venn de quatro conjuntos A, B, C e D, onde é possível observar as intersecções desses conjuntos. Escolhendo aleatoriamente um elemento que pertence à interseção dos conjuntos B e C, a probabilidade de que este elemento não pertença ao conjunto A é de:

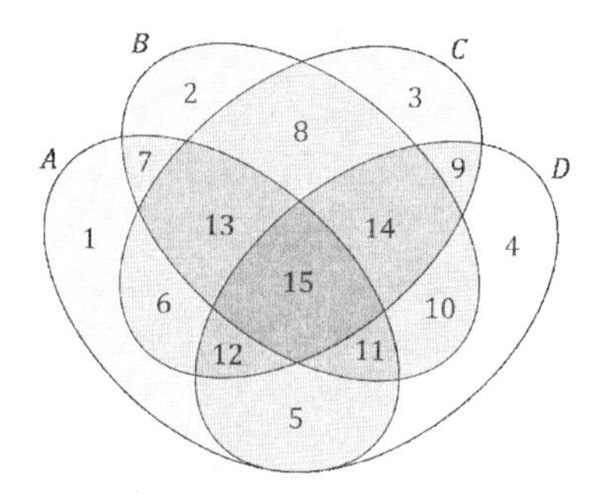

(a) 14%.
(b) 22%.
(c) 28%.
(d) 44%.
(e) 56%.

Sugestão de Solução.

Destacando a intersecção dos conjuntos B e C temos os seguintes elementos:

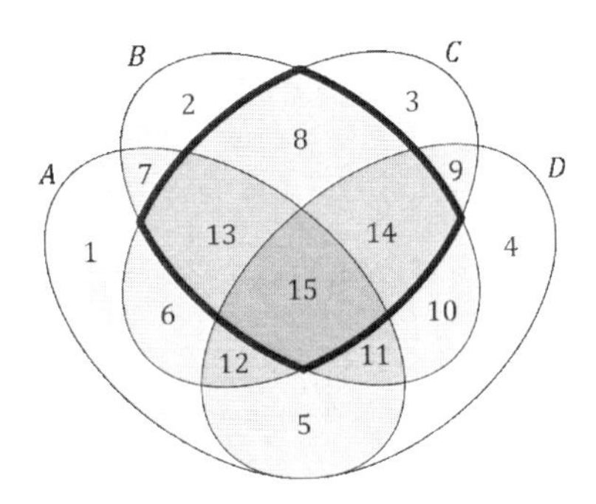

Assim o número de elementos que pertencem à intersecção de B e C é de $13 + 15 + 14 = 42$ elementos.
Destes elementos temos 14 elementos que pertencem à intersecção de B e C mas não pertencem ao conjunto A.
Assim a probabilidade pedida é dada por:

$$P(E) = \frac{n(E)}{N(U)} = \frac{14}{42} = \frac{1}{3} \cong 33\%$$

Neste concurso está questão foi anulada.

2.57 (IFSP - Edital Nº 858/2017) (Q23)

Carlos passou o número do seu celular para Renato. Todos os números de celular na região em que eles moram tem 9 dígitos, sendo o primeiro um algarismo de 1 a 9 e os demais podem ser quaisquer algarismos de 0 a 9. Renato cometeu um equívoco, anotou errado um dos quatro últimos dígitos. Ciente desse erro, a probabilidade de Renato conseguir ligar para o número correto de Carlos em até 3 tentativas é:

(a) $\frac{1}{12}$.
(b) $\frac{1}{9}$.
(c) $\frac{3}{40}$.
(d) $\frac{1}{36}$.

Sugestão de Solução:
Esta questão trata de eventos dependentes e independentes sendo que

para eventos independentes temos a seguinte regra:

$$P(A \cap B) = P(A) \times P(B)$$

Considere a seguinte sequência para este número de celular com 9 dígitos:

$$n_1; n_2; n_3; n_4; n_5; n_6; n_7; n_8; n_9$$

Destacando os 4 últimos dígitos temos:

$$n_1; n_2; n_3; n_4; n_5; \mathbf{n_6}; \mathbf{n_7}; \mathbf{n_8}; \mathbf{n_9}$$

Um desses quatro últimos dígitos notados por Carlos está errado.
Para que Carlos acerte o número de celular e complete a sua ligação para Renato ele deve primeiro acertar a posição do número correto, o que dá a seguinte probabilidade:

$$P(\text{acertar a posição do dígito}) = \frac{1}{4}$$

Além de acertar a posição Carlos deve acertar também qual é o dígito, o que dá a seguinte probabilidade:

$$P(\text{acertar o dígito correto}) = \frac{1}{9}$$

Como a probabilidade pedida é em 3 tentativas e com eventos independentes temos:

$$P(E) = 3 \times \frac{1}{4} \times \frac{1}{9} = \frac{3}{36} = \frac{1}{12}$$

Gabarito: **Item a)**.

2.58 (IFSP - Edital Nº 728/2018) (Q25)

Em um supermercado, a demanda diária de feijão, em centenas de quilos, é uma variável aleatória com função de densidade de probabilidade:

$$f(x) = \begin{cases} \frac{1}{2}x & \text{se } 0 \leq x < 1, \\ -\frac{1}{6}x + \frac{2}{3} & \text{se } 1 \leq x \leq 4, \\ 0 & \text{se } x < 0 \text{ ou } x > 4. \end{cases}$$

Dentre as alternativas apresentadas abaixo, a quantidade mínima de feijão que o gerente do supermercado precisa dispor diariamente aos clientes para que não falte feijão em 85% dos dias é aproximadamente:

(a) 205 kg.

(b) 266 kg.

(c) 293 kg.

(d) 325 kg.

Sugestão de Solução.

Esta função densidade de probabilidade tem por caraterística fornecer a probabilidade de um evento na forma de uma área delimitada por uma curva.

No caso desta função temos;

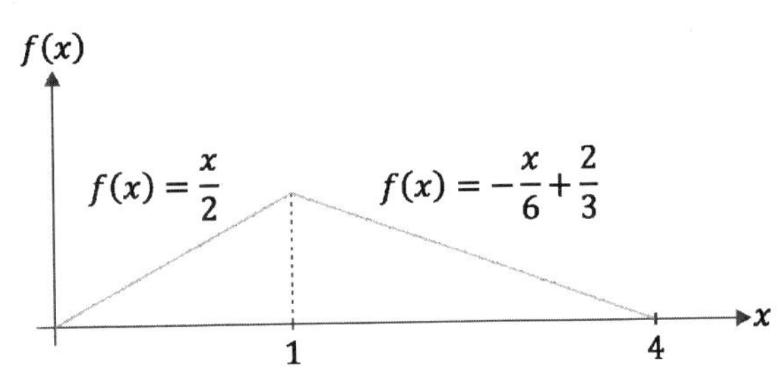

Onde a área limitada pelo gráfico desta função e o eixo dos X determina a probabilidade acumulada a partir de 0.

Na primeira parte do gráfico temos um triângulo de base 1 e altura ½ o que dá uma área de;

$$A_1 = \frac{1 \times \frac{1}{2}}{2} = \frac{1}{4} = 25\%$$

Para completar 85% precisamos de um ponto no segundo triângulo de tal modo que tenhamos um trapézio de área igual a 0, 6 ou 60%.

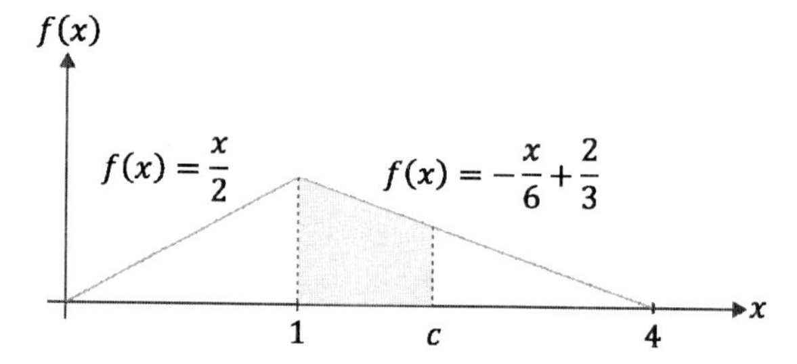

Neste trapézio nós temos uma base maior que mede ½ e uma base menor que mede $-\frac{c}{6} + \frac{2}{3}$ e uma altura de $c - 1$ unidades, logo sua área, que deve ser igual a 0, 6, é dada por

$$\frac{\left[\frac{1}{2} + (-\frac{c}{6} + \frac{2}{3})\right] \times (c-1)}{2} = 0,6$$

$$\frac{\left[\frac{1}{2} - \frac{c}{6} + \frac{2}{3}\right] \times (c-1)}{2} = 0,6$$

$$\frac{\left[\frac{7}{6} - \frac{c}{6}\right] \times (c-1)}{2} = 0,6$$

$$\left[\frac{7}{6} - \frac{c}{6}\right] \times (c-1) = 1,2$$

$$\frac{7c}{6} - \frac{7}{6} - \frac{c^2}{6} + \frac{c}{6} = 1,2$$

$$7c - 7 - c^2 + c = 7,2$$

$$8c - 7 - c^2 = 7,2$$

$$c^2 - 8c + 14,2 = 0$$

$$\Delta = (-8)^2 - 4 \times 1 \times 14,2 = 64 - 56,8 = 7,2$$

$$c = \frac{-(-8) \pm \sqrt{7,2}}{2 \times 1} = \frac{8 \pm 2,68}{2} \rightarrow c_1 = \frac{10,68}{2} \text{ e } c_2 = \frac{5,32}{2} = 2,66.$$

Observe que o valor maior que 4 é descartado e temos $2,66 \times 100 = 266$ quilos de feijão.
Gabarito: **Item b)**.

2.59 (IFSP - Edital Nº 728/2018) (Q34)

Carolina deixa seu carro para lavagem enquanto faz a unha no salão ao lado. O tempo de lavagem do carro tem distribuição normal com média de 50 minutos e desvio padrão de 10 minutos.
Se ficar de 45 a 55 minutos no salão, qual a probabilidade de a lavagem estar concluída? Considere $P(0 \leq z \leq 0,5) = 0,1915$.
(a) 10,00%.
(b) 19,15%.
(c) 38,30%.
(d) 55,00%.

Sugestão de solução.
A distribuição normal de probabilidades de ocorrer um evento tem a forma de um sino com o seguinte aspecto:

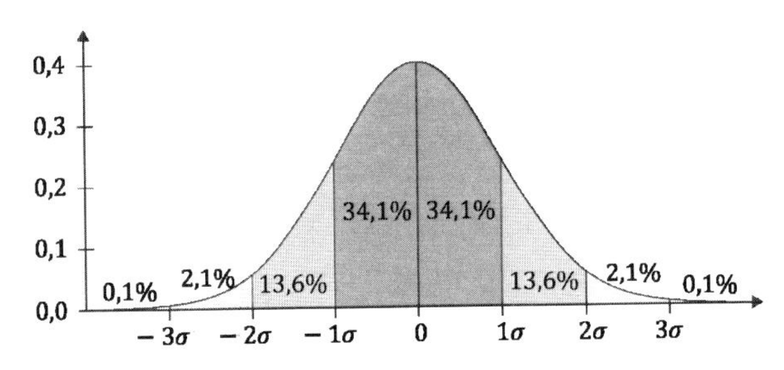

Observe que a partir da média medimos em desvios padrão a probabilidade de ocorrer o evento.
É comum padronizarmos a tabela com o uso de um número chamado de Z, que nada mais é que o cálculo dos desvios em torno da média

em termos de desvios padrão.
Assim temos:

$$Z = \frac{X - \mu}{\sigma} \rightarrow Z_1 = \frac{45 - 50}{10} = -0,5 \text{ e } Z_2 = \frac{55 - 50}{10} = 0.5$$

Logo a probabilidade de ocorrer o evento descrito, tendo média 50 e desvio padrão 10 é de:

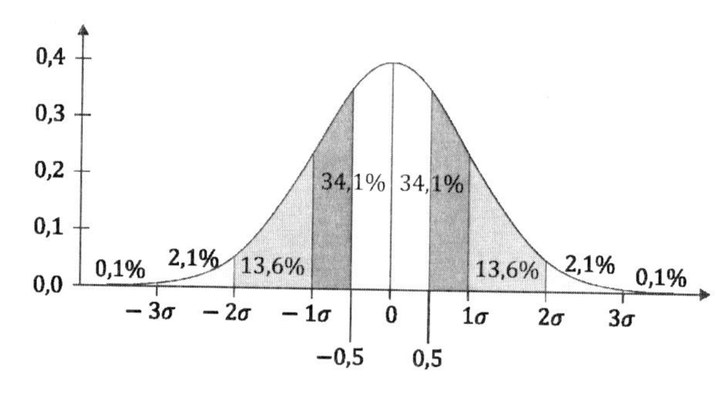

Sabendo que $P(0 \leq Z \leq 0,5) = 0,1915 = 19,15\%$ temos que a probabilidade de ocorrer o evento é de $19,15\% + 19,15\% = 38,3\%$.
Gabarito: **Item c)**.

2.60 (AOCP - IFBA - Matemática, Edital 04/2016)

Em uma rifa com 50 números, 4 serão premiados. Comprando-se 3 números dessa rifa, a probabilidade de nenhum ser premiado é de, aproximadamente,

(a) 74%.

(b) 75%.

(c) 76%.

(d) 77%.

(e) 78%.

Sugestão de Solução.

Usando o PFC - Princípio Fundamental da Contagem podemos determinar as diferentes maneiras de comprar 4 números dessa rifa:

$$50 \times 49 \times 48 \times 47$$

Maneiras diferentes de comprar 4 números quaisquer nessa rifa.
Para comprar 4 números e nenhum ser sorteado devemos eliminar os 3 números sorteados, desta forma temos

$$47 \times 46 \times 45 \times 44$$

Assim a probabilidade de ocorrer esse evento é dada por

$$P(E) = \frac{n(E)}{n(\Omega)} = \frac{47 \times 46 \times 45 \times 44}{50 \times 49 \times 48 \times 47}$$
$$= \frac{23 \times 3 \times 11}{5 \times 49 \times 4} = \frac{759}{980} \cong 0,7744 = 77,44\%.$$

Gabarito: **Item d)**.

2.61 (AOCP - IFBA - Matemática, Edital 04/2016)

Em uma bandeja A, havia 3 pastéis sem azeitona e 5 com azeitona. Já na bandeja B, havia 2 pastéis sem azeitona e 3 com azeitona. Dois pastéis foram retirados aleatoriamente, um de cada bandeja. Ao comê-los, observou-se que apenas um deles não continha azeitona. Nessas condições, a probabilidade de que o pastel sem azeitona tenha sido retirado da bandeja A é

(a) 9/40.
(b) 9/39.
(c) 9/29.
(d) 9/24.
(e) 9/19.

Sugestão de Solução.
Considere a seguinte tabela:

	Bandeja A	Bandeja B
Com azeitona	5	3
Sem azeitona	3	2

Pela tabela temos $3 \times 3 = 9$ pares de pasteis onde o pastel sem azeitona veio da bandeja A e o pastel com azeitona veio da bandeja B.

Temos $5 \times 2 = 10$ pares de pasteis onde o pastel com azeitona veio da bandeja A e o pastel sem azeitona veio da bandeja B.
No total temos 19 pares de pasteis onde um tem azeitona e o outro não, sendo que, destes, apenas 9 pares são de pasteis sem azeitona da bandeja A, logo,

$$P(E) = \frac{9}{19}.$$

Gabarito: **Item e)**.

2.62 (AOCP - IFBA - Matemática, Edital 04/2016)

Na sequência crescente de todos os números obtidos, permutando-se os algarismos 1, 2, 3, 7, 8, a posição do número 78.312 é a

(a) 94ª.

(b) 95ª.

(c) 96ª.

(d) 97ª.

(e) 98ª.

Sugestão de Solução.

Utilizando o PFC - Princípio Fundamental da Contagem podemos organizar os números em ordem crescente:
Todos os números que começam com 1 são:

$$1 \times 4 \times 3 \times 2 \times 1 = 24.$$

Todos os números que começam com 2 são:

$$1 \times 4 \times 3 \times 2 \times 1 = 24.$$

Todos os números que começam com 3 são:

$$1 \times 4 \times 3 \times 2 \times 1 = 24.$$

Todos os números que começam com 71 são:

$$1 \times 1 \times 3 \times 2 \times 1 = 6.$$

Todos os números que começam com 72 são:

$$1 \times 1 \times 3 \times 2 \times 1 = 6.$$

Todos os números que começam com 73 são:

$$1 \times 1 \times 3 \times 2 \times 1 = 6.$$

Todos os números que começam com 781 são:

$$1 \times 1 \times 1 \times 2 \times 1 = 2.$$

Todos os números que começam com 782 são:

$$1 \times 1 \times 1 \times 2 \times 1 = 2.$$

Todos os números que começam com 7831 são:

$$1 \times 1 \times 1 \times 1 \times 1 = 1.$$

No total temos

$$24 + 24 + 24 + 6 + 6 + 6 + 2 + 2 + 1 = 95.$$

Gabarito: **Item b)**.

2.63 (IFB - Edital 001/2016) (Q27)

Nas regiões A, B e C foram feitos exames laboratoriais em 1000 (mil) pessoas e constatou-se que 500 (quinhentas) delas tinham sido contaminadas pelos vírus da Dengue, Zika ou Chikungunya de acordo com a tabela a seguir:

	Dengue	**Zika**	**Chikungunya**
Região A	100	50	10
Região B	60	100	40
Região C	20	50	70

Qual a probabilidade de um indivíduo ter sido contaminado pelo vírus da Zika, dado que ele
mora na região B e foi contaminado por um dos três vírus?

(a) 10%

(b) 20%

(c) 18%

(d) 50%

(e) 40%

Sugestão de Solução.

Considere o fato de que queremos um indivíduo que tenha sido contaminado pelo vírus da Zika, dado que ele mora na região B e foi contaminado por um dos três vírus e pela tabela temos:

	Dengue	Zika	Chikungunya
Região A	100	50	10
Região B	60	100	40
Região C	20	50	70

Sabemos pela tabela que 200 indivíduos moram na região B e que 100 indivíduos da região B foram contaminados com o vírus da Zika:

	Dengue	Zika	Chikungunya
Região A	100	50	10
Região B	60	100	40
Região C	20	50	70

Logo, a probabilidade de um indivíduo ter sido contaminado pelo vírus da Zika, dado que ele
mora na região B e foi contaminado por um dos três vírus é dada por

$$P(E) = \frac{100}{200} = 0,5 = 50\%.$$

Gabarito: **Item d)**.

2.64 (Colégio Pedro II - Edital 16/2007) (Q34)

O tétano é uma das principais causas da mortalidade neonatal em certos países subdesenvolvidos, podendo representar cerca de 30% a 50% destas mortes, sendo a sua taxa de letalidade de 60%. Se numa dessas regiões em um dia foram registrados 5 casos de tétano neonatal em um dia, então a probabilidade de, no máximo, 20% dessas crianças não sobreviverem é de:

(a) $\frac{2^4 * 3}{5^4}$.

(b) $\frac{2^4 * 3}{5^5}$.

(c) $\frac{2^4 * 17}{5^5}$.

(d) $\frac{2^4}{5^4}$.

Sugestão de solução.

De início, pontuamos que o dado "...30% a 50% dessas mortes, ..." é supérfluo, de modo que não será utilizado para chegarmos à resposta da questão.

São 5 os casos de tétano neonatal com dois resultados possíveis: morte (sucesso) e não-morte (insucesso), portanto, 5 ensaios de Bernoulli, sendo que a probabilidade de sucesso é 0,60 = 3/5.

Se definirmos a variável aleatória X: número de mortes observadas, e levarmos em conta que 20% de 5 = 0,20.5 = 1 morte, então, a questão nos pede para calcularmos $P(X \leq 1)$ de modo que X está distribuída segundo a regra binomial com $n = 5$ e $p = 3/5$. Ou seja, $X \sim Bin(5; 3/5)$. Nesse caso, deveremos utilizar a função de massa da distribuição binomial de probabilidades:

$$p(x) = \binom{n}{x} p^x \cdot (1-p)^{n-x}$$

Ou seja,

$$P(X \leq x) = \sum_{i=0}^{1} \binom{n}{x} p^x \cdot (1-p)^{n-x}$$

$$P(X \leq 1) = \sum_{i=0}^{1} \binom{5}{x} \left(\frac{3}{5}\right)^x \left(\frac{2}{5}\right)^{5-x}$$

$$P(X \leq 1) = \binom{5}{0}\left(\frac{3}{5}\right)^0\left(\frac{2}{5}\right)^5 + \binom{5}{1}\left(\frac{3}{5}\right)^1\left(\frac{2}{5}\right)^4$$

$$P(X \leq 1) = 1 \cdot 1 \cdot \left(\frac{2}{5}\right)^5 + 5\left(\frac{3}{5}\right)^1\left(\frac{2}{5}\right)^4$$

$$P(X \leq 1) = \frac{2^5}{5^5} + 5 \cdot \frac{3}{5} \cdot \frac{2^4}{5^4} = 2 \cdot \frac{2^4}{5^5} + 15 \cdot \frac{2^4}{5^5}$$

$$P(X \leq 1) = 17 \cdot \frac{2^4}{5^5}.$$

Gabarito: **Item c)**.

2.65 (Colégio Pedro II - Edital 16/2007) (Q18)

Uma caixa contém etiquetas numeradas de 1 a n. Uma etiqueta, escolhida ao acaso, tem seu número observado e é devolvida à caixa. Uma segunda etiqueta é também escolhida ao acaso. A probabilidade que, entre os números observados, um seja o sucessor do outro é:

(a) $\frac{n-2}{n^2-1}$.
(b) $\frac{2n-1}{n^2}$.
(c) $\frac{2n-2}{n^2-1}$.
(d) $\frac{2n-2}{n^2}$.

Sugestão de Solução.

Considere a situação em que temos uma etiqueta numerada, a etiqueta k, e a segunda etiqueta numerada sendo um valor sucessor de k, ou seja $k+1$. Vamos adotar X como a variável aleatória que descreve o número da etiqueta sorteada.

Sendo assim, a probabilidade de tirarmos a etiqueta k de uma caixa com n etiquetas é

$$P(X = k) = \frac{1}{n}$$

A probabilidade de tirarmos uma segunda etiqueta, $k+1$, deve levar em consideração o fato de termos a reposição da etiqueta k, logo,

$$P(X = k + 1) = \frac{n-1}{n}$$

Assim a probabilidade de tirarmos uma etiqueta k e uma etiqueta $k+1$ é dada por

$$P(E) = \frac{1}{n} \times \frac{n-1}{n} = \frac{n-1}{n^2}$$

Como e exercício não determina a ordem em que estas etiquetas podem ser retiradas temos:

$$P(E) = 2 \times \frac{n-1}{n^2} = \frac{2n-2}{n^2}.$$

Gabarito: **Item d)**.

2.66 (Colégio Pedro II - Edital 08/2008) (Q45)

Numa caixa, há 40 bolas numeradas de 1 a 40. Retirando-se, simultânea e aleatoriamente, três bolas desta caixa, a probabilidade de serem obtidos números consecutivos é de

(a) 1/260.
(b) 1/1560.
(c) 3/260.
(d) 37/1560.

Sugestão de Solução.

Considere o conjunto de todos os grupos de 3 bolas que podem ser retirados desta caixa na forma como foi descrito e temos:

$$n(U) = A_{40,3} = \frac{40!}{(40-3)!} = \frac{40 \times 39 \times 38 \times 37!}{37!} = 40 \times 39 \times 38$$

Considere agora quantos desses grupos podem ser constituídos de números consecutivos, ou seja:

$$1, 2, 3$$

$$2, 3, 4$$

$$3, 4, 5$$

E assim por diante, nesta ordem temos 38 desses grupos, porém a questão não diz que os números consecutivos devem sair na ordem crescente, logo temos que:

$$n(E) = 38 \times 3! = 38 \times 6$$

E a probabilidade pedida é de:

$$P(E) = \frac{n(E)}{n(U)} = \frac{38 \times 6}{40 \times 39 \times 38} = \frac{6}{40 \times 39} = \frac{1}{260}$$

Gabarito: **Item a)**.

2.67 (Colégio Pedro II - Edital 02/2013) (Q1)

Num concurso público para professores, foram oferecidas vagas para as disciplinas A e B. Cada candidato concorreu a apenas uma das disciplinas. No dia da prova, 6% dos candidatos para a disciplina A faltaram e 72% dos candidatos para a disciplina B compareceram. Além disso, 45% do total de candidatos se inscreveram para as vagas da disciplina A. Não foram oferecidas vagas para qualquer outra disciplina além de A e B.

a) Suponha que, um dia após a realização da prova, tenha sido divulgada a listagem geral de inscritos, sem nenhuma indicação da disciplina objeto da inscrição. Escolhido um desses candidatos ao acaso, determine a probabilidade de que ele tenha faltado no dia da prova.

b) Um grupo de 12 amigos participou desse concurso. Todos concorreram para a disciplina A. O tema sorteado para a dissertação da prova discursiva foi considerado fácil para a maioria dos candidatos e a probabilidade de que qualquer um desses 12 amigos tenha feito uma boa prova é igual a 0,7. Avalie se as seguintes afirmativas são verdadeiras ou falsas, justificando em detalhes sua resposta.

Afirmativa I: A probabilidade de que exatamente 2 desses amigos não tenham feito uma boa prova é igual a $C_{12}^{2} * (0,7)^{10} + (0,3)^{2}$.

Afirmativa II: A probabilidade de que, pelo menos, 8 desses amigos tenham feito uma boa prova é igual a $C_{12}^{2} * (0,7)^8 + (0,3)^4$.

Sugestão de Solução (CPII).

a) 45% do total de candidatos se inscreveu para a disciplina A. Dentre estes, 6% faltaram. Logo, 6% de 45% do total de candidatos inscritos para a disciplina A faltaram.

Ou seja: $0,06 * 0,45 = 0,027 = 2,7\%$

100% - 45% = 55% do total de candidatos se inscreveu para a disciplina B. Dentre estes, 72% compareceram. Logo, 100% - 72% = 28% faltaram. Então, 28% de 55% do total de candidatos inscritos para a disciplina B faltaram.

Ou seja, $0,28 * 0,55 = 0,154 = 15,4\%$.

No total, faltaram $2,7\% + 15,4\% = 18,1\%$.

b)

Afirmativa I.

É falsa. Existem C_{12}^{2} formas de se escolher os 2 amigos, cada um deles com probabilidade 0,3 de não fazer uma boa prova. O fato de um dos amigos fazer uma boa prova independe de que qualquer outro tenha feito ou não uma boa prova. Assim, os eventos são independentes e o cálculo da probabilidade envolve o princípio multiplicativo, sendo $(0,7)^{10}$ a probabilidade de que os 10 candidatos restantes tenham feito uma boa prova. Sendo assim, o valor correto seria $C_{12}^{2} * (0,7)^{10} * (0,3)^2$.

Afirmativa II.

É falsa. O valor dado corresponde à probabilidade de que exatamente 8 amigos tenham feito uma boa prova. No caso em que 9, 10, 11 ou 12 amigos tenham feito uma boa prova, a condição "pelo menos 8 amigos" também seria satisfeita.

Para 8 amigos: $C_{12}^{8} * (0,7)^8 * (0,3)^4$

Neste caso, por exemplo, existem C_{12}^{8} formas de se escolher os 8 amigos, cada um deles com probabilidade 0,7 de fazer uma boa prova. O fato de um dos amigos fazer uma boa prova independe de que qualquer outro tenha feito ou não uma boa prova. Assim, os eventos são independentes e o cálculo da probabilidade envolve o princípio multiplicativo, sendo $(0,3)^4$ a probabilidade de que os 4 candidatos

restantes não tenham feito uma boa prova. O mesmo raciocínio é extensivo aos demais casos.
Para 9 amigos: $C_{12}^{9} * (0,7)^{9} * (0,3)^{3}$
Para 10 amigos: $C_{12}^{10} * (0,7)^{10} * (0,3)^{2}$
Para 11 amigos: $C_{12}^{11} * (0,7)^{11} * (0,3)^{1}$
Para 12 amigos: $C_{12}^{12} * (0,7)^{12} * (0,3)^{0}$
No total: $C_{12}^{8} * (0,7)^{8} * (0,3)^{4} + C_{12}^{9} * (0,7)^{9} * (0,3)^{3} + C_{12}^{10} * (0,7)^{10} * (0,3)^{2} + C_{12}^{11} * (0,7)^{11} * (0,3)^{1}$.

2.68 (Colégio Pedro II - Edital 37/2016) (Q6)

Seja $ABCD$ um retângulo de dimensões 12 cm e 16 cm e os pontos M e N, médios dos lados $\overline{AB}$ e $\overline{AD}$, respectivamente. No interior do pentágono $BCDNM$, é assinalado um ponto P, de forma aleatória. A probabilidade de que o ângulo $\widehat{MPN}$ seja obtuso vale

(a) $5\pi/168$.
(b) $25\pi/168$.
(c) $5\pi/336$.
(d) $25\pi/336$.

Sugestão de Solução.
Observe que temos a seguinte construção para esta questão;

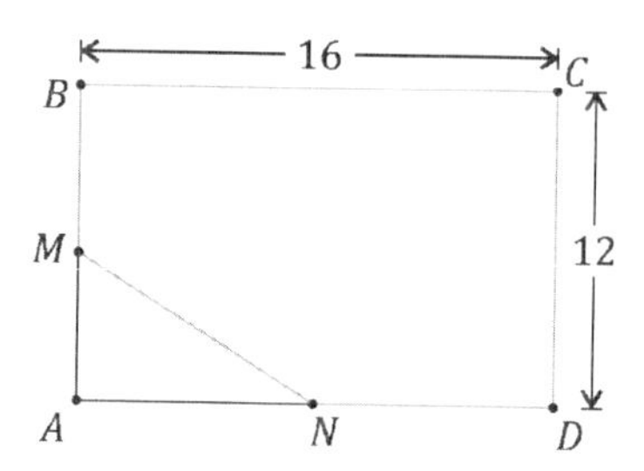

Se escolhermos um ponto P qualquer no interior deste pentágono, observamos a seguinte possibilidade:

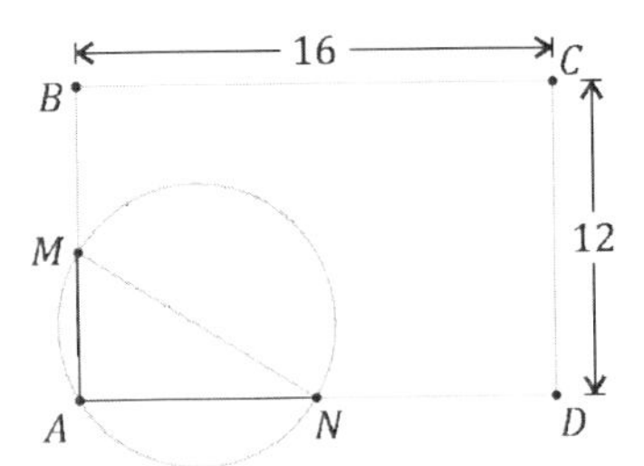

i) Se o ponto P estiver dentro da circunferência de centro no ponto médio de MN o ângulo MPN será obtuso;
ii) Se o ponto P estiver sobre a circunferência o ângulo MPN será reto;
iii) Se o ponto P estiver fora circunferência o ângulo MNP será agudo.
Como queremos a probabilidade de que o ângulo MPN seja obtuso, temos

$$P(A) = \frac{\text{Área de circunferência}}{\text{Área do pentágono}}$$

Como o diâmetro da circunferência é a hipotenusa do triângulo retângulo MAN, temos que

$$6^2 + 8^2 = d^2 \rightarrow d = 10 \rightarrow r = 5$$

A área da circunferência é

$$A_{\text{Circ.}} = \pi \times 5^2 = 25\pi$$

A área do pentágono corresponde à área do retângulo menos a área do triângulo, ou seja,

$$A_{\text{Pent.}} = 12 \times 16 - \frac{8 \times 6}{2} = 192 - 24 = 168$$

Logo, a probabilidade pedida é de

$$P(A) = \frac{25\pi}{168}.$$

Gabarito: **Item d)**

2.69 (Colégio Pedro II - Edital 37/2016) (Q1)

Jhosy viaja com sua esposa Paty, sua filha e filho para curtir o feriadão na Região dos Lagos.

a) No trajeto decidem parar num restaurante e fazer uma refeição. Todos possuem o mesmo modelo de aparelho celular e no restaurante deixam todos guardados na bolsa de Paty. Terminada a refeição, cada um pega ao acaso um aparelho celular na bolsa de Paty. De quantas maneiras isso pode ser feito, de modo que ninguém pegue o próprio aparelho?

b) Seguindo com a viagem, a probabilidade de congestionamento na estrada é de 60%. Havendo congestionamento, a probabilidade de os filhos do casal brigarem no carro é de 80% e, sem congestionamento, a briga pode aparecer com probabilidade de 40%. Quando há briga, com ou sem congestionamento, a probabilidade de Jhosy perder a paciência com os filhos é de 70%. Naturalmente, havendo congestionamento, Jhosy pode perder a paciência com os filhos mesmo sem brigas, o que aconteceria com probabilidade de 50%. Quando não há nem congestionamento nem briga, Jhosy dirige tranquilo e não perde a paciência. Qual é a probabilidade de ter havido briga no trecho considerado, dado que Jhosy perdeu a paciência?

Sugestão de Solução (CPII).

a) O número de modos que nenhum dos quatro membros da família pegue seu próprio aparelho celular corresponde ao número de permutações caóticas de 4:

$$D_4 = 4!(\frac{1}{2!} - \frac{1}{3!} + \frac{1}{4!}) = 9.$$

b)

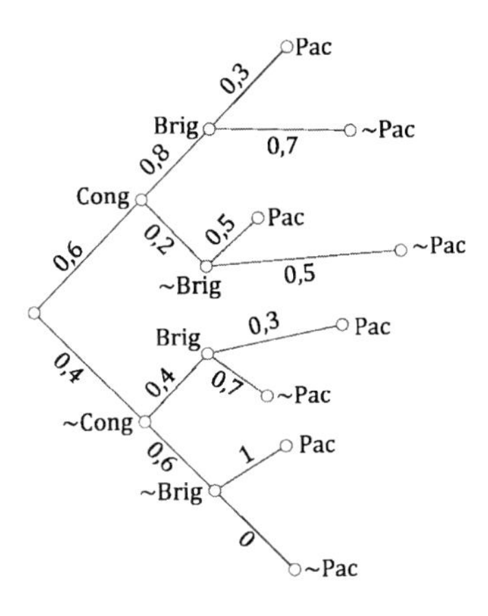

- O número de casos possíveis é:

$$0,6.0,8.0,7 + 0,6.0,2.0,5 + 0,4.0,6.0 = 0,508.$$

- O número de casos favoráveis é:

$$0,6.0,8.0,7 + 0,4.0,4.0,7 = 0,448.$$

Portanto, a probabilidade pedida é,

$$P = \frac{0,448}{0,508} \approx 88\%.$$

□

2.70 (Colégio Pedro II - Edital 23/2018) (Q23)

Um procedimento muito comum em provas objetivas de concursos, quando o candidato não consegue resolver uma determinada questão, é "escolher aleatoriamente" uma das opções possíveis.

Se o candidato sabe resolver a questão, então ele tem 100% de chance de escolher a opção correta.

Considere um exame em que, para cada questão, existem quatro opções de resposta e apenas uma delas é a correta. Um

determinado candidato sabe 70% das respostas desse exame e respondeu corretamente a uma determinada questão.
A probabilidade de este candidato ter "escolhido aleatoriamente" a opção correta dessa questão é
(a) 7/31.
(b) 3/31.
(c) 7/40.
(d) 3/40.

Sugestão de Solução.

Considere que o candidato sabe a resposta de 70% das questões deste exame, assim, nestes 70% ele não escolheu aleatoriamente a resposta, uma vez que ele sabe qual a correta.
Das questões que este candidato não sabe a resposta, 30% restantes, a probabilidade de escolher uma opção correta é dada por:

$$P(E) = \frac{30}{100} \times \frac{1}{4} = \frac{3}{10} \times \frac{1}{4} = \frac{3}{40} = 0,075 = 7,5\%$$

Assim a probabilidade de escolher aleatoriamente uma questão deste exame e ele ter acertado a questão é de

$$70\% + 7,5\% = 77,5\%.$$

A probabilidade de que esta questão escolhida seja uma em que o candidato escolheu aleatoriamente a opção correta é dada por:

$$P(A) = \frac{n(A)}{n(U)} = \frac{7,5\%}{77,5\%} = \frac{75}{775} = \frac{3}{31}.$$

Gabarito: **Item b)**.

2.71 (Colégio Pedro II - Edital 23/2018) (Q25)

Um ponto $P(x, y)$ é escolhido aleatoriamente no círculo de raio 1, centrado na origem. Seja R a região definida por $R = \{(x, y) \in \mathbb{R}^2 : |x - y| \leq 1\}$. A probabilidade de o ponto P pertencer à região R é

(a) $\frac{\pi-2}{4\pi}$.
(b) $\frac{\pi-2}{2\pi}$.
(c) $\frac{\pi+2}{2\pi}$.
(d) $\frac{3\pi-2}{4\pi}$.

Sugestão de Solução.

Considere que o conjunto de todos os pontos de uma região pode ser medido pela sua área, assim o conjunto de todos os pontos de um círculo de raio 1 é correspondente a sua área, ou seja:

$$n(U) = A = \pi \times 1^2 = \pi$$

A região R é definida do seguinte modo:

$$|x - y| \leq 1$$

$$-1 \leq x - y \leq 1$$

Que corresponde a duas desigualdades:

$$-1 \leq x - y \rightarrow y \leq x + 1$$

$$x - y \leq 1 \rightarrow x - 1 \leq y$$

Cada uma dessas inequações corresponde a um semiplano do plano xy.

A desigualdade $y \leq x + 1$ corresponde ao semiplano:

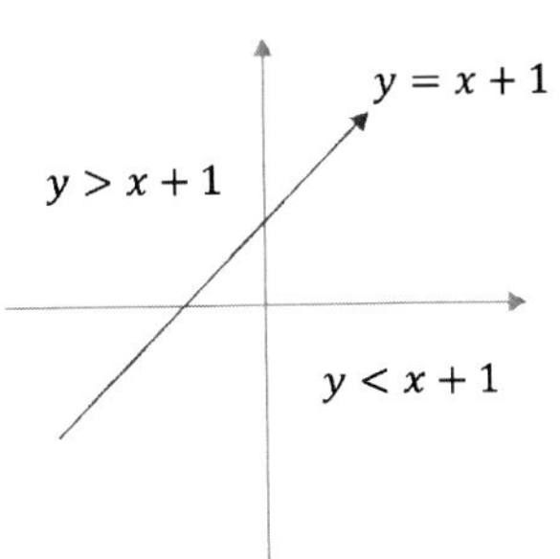

Observe que os pontos sobre a reta correspondem a $y = x + 1$.
Os pontos que estão no semiplano que contém a origem do sistema corresponde aos pontos em que $y < x + 1$.
Os pontos que estão no semiplano que não contém a origem correspondem aos planos em que $y > x + 1$.
A desigualdade $y \geq x - 1$ corresponde ao semiplano:

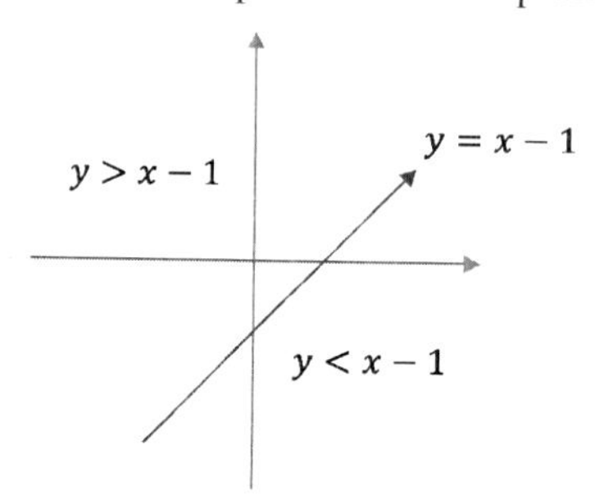

Observe que os pontos sobre a reta correspondem a $y = x - 1$.
Os pontos que estão no semiplano que contém a origem do sistema corresponde aos pontos em que $y > x - 1$.
Os pontos que estão no semiplano que não contém a origem correspondem aos planos em que $y < x - 1$.
A desigualdade simultânea

$$-1 \leq x - y \leq 1$$

corresponde à região entre as duas retas paralelas, ou seja:

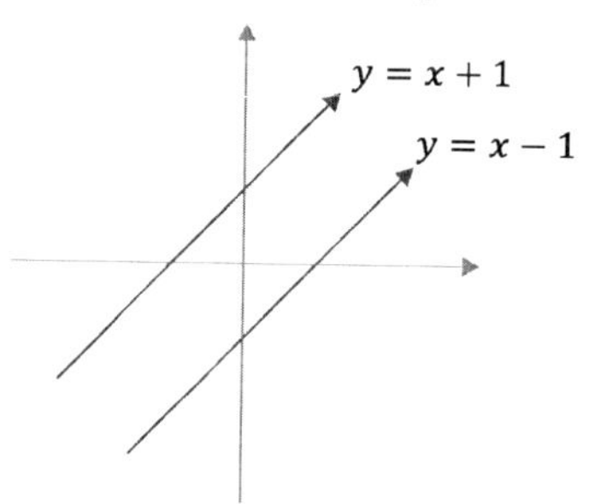

A região delimitada pelo círculo de raio 1 centrado na origem e a região entre as duas retas paralelas é dada por:

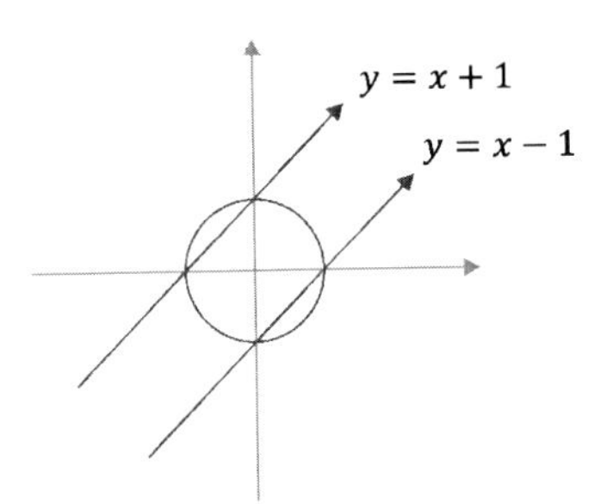

A área desta região é composta por duas quartas partes do circulo de raio 1 e dois triângulos de vase 1 unidade e altura 1 unidade, assim a área, que corresponde ao conjunto de pontos favoráveis na probabilidade pedida, é de:

$$n(E) = 2 \times \frac{\pi \times 1^2}{4} + 2 \times \frac{1 \times 1}{2}$$

$$n(E) = 2 \times \frac{\pi}{4} + 2 \times \frac{1}{2}$$

$$n(E) = \frac{\pi}{2} + 1 = \frac{\pi + 2}{2}$$

Assim a probabilidade pedida é dada por:

$$P(E) = \frac{n(E)}{n(U)} = \frac{\frac{\pi+2}{2}}{\pi} = \frac{\pi + 2}{2} \times \frac{1}{\pi} = \frac{\pi + 2}{2\pi}$$

Gabarito: **Item c)**.

2.72 (AOCP - IBC - Matemática, Edital 04/2012)

João está brincando com um baralho de 52 cartas, ele retira do baralho uma dama de copas e, em seguida, sem repor a primeira, um rei de paus. Devolvendo as duas cartas ao baralho, e embaralhando-as, qual a probabilidade de João retirar de novo essas duas cartas, nessa mesma ordem?

(a) 1/2652.

(b) 1/2704.
(c) 2/2652.
(d) 2/2704.
(e) 1/52.

Sugestão de Solução.

Observe que o fato de o João ter retirado as duas cartas do baralho anteriormente não altera as probabilidades posteriores, apenas determinam quais as cartas que ele deverá retirar após embaralhar novamente. Assim, temos que

Após embaralhar as cartas, temos uma dama de copas no baralho e a probabilidade de João retirar esta carta é de

$$P(A) = \frac{1}{52}$$

Uma vez que João retirou uma carta e não houve reposição, a probabilidade de sair um rei de paus é de

$$P(B|A) = \frac{1}{51}$$

Perceba que se trata de uma probabilidade condicional, onde

$$P(B|A) = \frac{P(A \cap B)}{P(A)} \rightarrow P(A \cap B) = P(A) \times P(B|A)$$

Logo,

$$P(A \cap B) = \frac{1}{52} \times \frac{1}{51} = \frac{1}{2652}.$$

Gabarito: **Item a)**.

2.73 (AOCP - IFRO - Matemática, Edital 73/2021)

Uma universidade prepara questões para o vestibular e as armazena em um Banco de Questões. Suponhamos que, nesse banco de questões, haja $50 questões$, sendo 5 consideradas difíceis. Ao pegar, ao acaso, $3 questões$ desse banco de questões, a probabilidade P de que pelo menos 2 sejam difíceis é tal que

(a) $0,5\% < P < 1,0\%$.

(b) $1,0\% < P < 1,5\%$.

(c) $1,5\% < P < 2,0\%$.

(d) $2,0\% < P < 2,5\%$.

(e) $2,5\% < P < 3,0\%$.

Sugestão de solução.

Para este evento temos um conjunto universo formado por todos os grupos de 3 questões que podem ser escolhidos entre estas 50 questões do banco de dados, ou seja:

$$C_{50,3} = \frac{50!}{3! \times (50 - 3)!} = 19600 \text{ grupos.}$$

Desses 19600 grupos de 3 questões cada vamos calcular os grupos que não contenham questões difíceis e os grupos que contenham apenas uma questão difícil, assim sobra apenas os grupos que contenham pelo menos duas questões difíceis.

Nenhuma questão difícil:

$$C_{45,3} = \frac{45!}{3! \times (45 - 3)!} = 14190 \text{ grupos.}$$

Apenas uma questão difícil:

$$5 \times C_{45,2} = 5 \times \frac{45!}{2! \times (45 - 2)!} = 5 \times 990 = 4950 \text{ grupos.}$$

Assim o total de grupos de 3 questões cada que possui pelo menos duas questões difíceis é:

$$19600 - 14190 - 4950 = 460 \text{ grupos.}$$

Logo pela definição de probabilidade de ocorrer um evento temos:

$$P(A) = \frac{n(A)}{n(U)} = \frac{460}{19600} = 0,0234\ldots \cong 2,34\%.$$

Gabarito: **Item d)**.

2.74 (IFB - Edital 001/2016) (Q29)

Um professor de Matemática tem em sua sala de aula 7 alunos, sendo 5 homens e 2 mulheres.

Destes 7 alunos, o professor precisa indicar 3 deles para representar a turma em uma olimpíada na área de exatas, que serão escolhidos por meio de sorteio. A probabilidade do professor obter uma equipe com 2 (dois) alunos e 1 (uma) aluna é:

(a) 4/7.

(b) 1/5.

(c) 2/5.

(d) 9/10.

(e) 2/7.

Sugestão de solução.

Como o professor possui uma turma com 7 alunos ele pode criar um total de:

$$C_{7,3} = \frac{7!}{3! \times (7-3)!} = 35 \text{ grupos de 3 alunos.}$$

Desse total, que seria o conjunto universo deste evento, podemos calcular o número de grupos formados por 2 alunos e 1 aluna, ou seja:

$$2 \times C_{5,2} = 2 \times \frac{5!}{2! \times (5-2)!} = 2 \times 10 = 20 \text{ grupos.}$$

Assim aplicando a definição de probabilidade de ocorrer um evento temos:

$$P(A) = \frac{n(A)}{n(U)} = \frac{20}{35} = \frac{4}{7}.$$

Gabarito: **Item a)**.

2.75 (AOCP - PREFEITURA DE CATU/BA - Matemática, Edital 005/2009)

Uma urna contém bolas identificadas, cada uma, com os números $1, 3, 5, 7, \ldots,\ 999$. Cada bola da urna contém um, e apenas um desses números identificando-a, sem que haja números repetidos. Retirando-se aleatoriamente da urna uma única bola, calcule a probabilidade de que o número dessa bola tenha o algarismo 7.

(a) 44/125.
(b) 221/500.
(c) 271/500.
(d) 1/5.
e) Nenhuma das alternativas.

Sugestão de Solução.

Sabendo que:

$$P(E) = \frac{n(E)}{n(\Omega)}$$

Temos que o $n(\Omega)$ corresponde ao número de elementos do conjunto

$$\{1, 3, 5, 7, \ldots, 999\}$$

que correspondem a uma sequência de números ímpares.

Se considerarmos as opções para a formação dos números ímpares da seguinte forma

$$\{001, 003, 005, \ldots, 011, 013, 015, \ldots, 995, 997, 999\}$$

podemos aplicar o princípio multiplicativo para determinarmos os valores de $n(W)$ e $n(E)$.

Para determinarmos $n(\Omega)$ devemos observar que

$$n(\Omega) = 10 \times 10 \times 5 = 500$$

Pois temos 10 opções para a escolha do primeiro algarismo, 10 para o segundo algarismo e apenas 5 para o terceiro algarismo.

Para determinarmos $n(E)$ podemos calcular todos ou números que não têm o algarismo 7 pelo princípio multiplicativo observando que não podemos ter o número 7 em nenhuma das posições destes números, ou seja,

$$9 \times 9 \times 4 = 324$$

Com isso o valor de $n(E)$ é dado pela diferença entre o total de números e os números que não possuem o algarismo 7:

$$n(E) = 500 - 324 = 176$$

Assim a probabilidade pedida é dada por

$$P(E) = \frac{176}{500} = \frac{44}{125}.$$

Gabarito: **Item a)**.

2.76 (AOCP - Prefeitura de SEROPÉDICA/RJ - Matemática, Edital 01/2013)

Num colégio foi realizada uma pesquisa sobre a preferência de jogos de vídeo game. Foi constatado que 170 jovens jogavam o jogo A, 220 jogavam o jogo B e 65 jogavam ambos. Escolhido um entrevistado aleatoriamente, qual a probabilidade de que ele jogue os jogos A e B?

(a) $\frac{13}{52}$.
(b) $\frac{13}{65}$.
(c) $\frac{1}{7}$.
(d) $\frac{1}{6}$.
(e) $\frac{1}{15}$.

Sugestão de Solução.

Podemos representar os dados deste exercício na forma de diagramas:

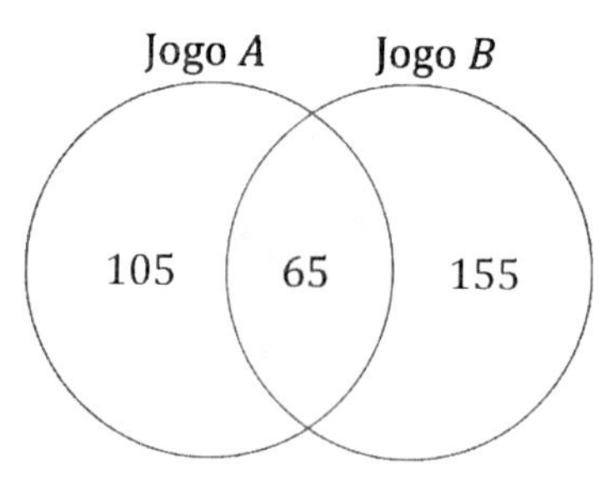

Observe que o total de alunos é de 325, pois a intersecção é contada duas vezes, ou seja,

$$n(A \cap B) = n(A) + n(B) - n(A \cap B)$$

$$n(A \cup B) = 170 + 220 - 65 = 325$$

Como queremos um aluno escolhido aleatoriamente que jogue os jogos A 'e' B devemos olhar para a intersecção destes dois conjuntos de alunos onde temos 65 alunos que jogam os jogos A e B, logo a probabilidade pedida é de

$$P(E) = \frac{65}{325} = \frac{13}{65}.$$

Gabarito: **Item b**).

GABARITOS

1.1	**1.2**	**1.3**	**1.4**	**1.5**	**1.6**	**1.7**	**1.8**	**1.9**	**1.10**
e	a	b	c	c	a	c	e	a	a
1.11	**1.12**	**1.13**	**1.14**	**1.15**	**1.16**	**1.17**	**1.18**	**1.19**	**1.20**
c	b	e	c	d	c	d	c	b	e
1.21	**1.22**	**1.23**	**1.24**	**1.25**	**1.26**	**1.27**	**1.28**	**1.29**	**1.30**
b	b	c	d	c	d	a	a	b	a
1.31	**1.32**	**1.33**	**1.34**	**1.35**	**1.36**	**1.37**	**1.38**	**1.39**	**1.40**
e	c	c	c	c	b	nula	b	b	b
1.41	**1.42**	**1.43**	**1.44**	**1.45**	**1.46**	**1.47**	**1.48**	**1.49**	**1.50**
d	d	b	b	a	d	d	c	-	a
1.51	**1.52**	**1.53**	**1.54**	**1.55**	**1.56**	**1.57**	**1.58**	**1.59**	**1.60**
a	c	a	c	a	c	b	a	e	a
2.1	**2.2**	**2.3**	**2.4**	**2.5**	**2.6**	**2.7**	**2.8**	**2.9**	**2.10**
d	c	d	b	b	d	b	b	d	b
2.11	**2.12**	**2.13**	**2.14**	**2.15**	**2.16**	**2.17**	**2.18**	**2.19**	**2.20**
d	c	a	a	b	a	c	d	a	c
2.21	**2.22**	**2.23**	**2.24**	**2.25**	**2.26**	**2.27**	**2.28**	**2.29**	**2.30**
b	d	e	b	b	a	c	e	b	b
2.31	**2.32**	**2.33**	**2.34**	**2.35**	**2.36**	**2.37**	**2.38**	**2.39**	**2.40**
nula	c	a	c	c	b	c	b	c	a
2.41	**2.42**	**2.43**	**2.44**	**2.45**	**2.46**	**2.47**	**2.48**	**2.49**	**2.50**
e	b	e	c	d	b	c	c	c	e

2.51	2.52	2.53	2.54	2.55	2.56	2.57	2.58	2.59	2.60
b	a	b	d	b	nula	a	b	c	d
2.61	**2.62**	**2.63**	**2.64**	**2.65**	**2.66**	**2.67**	**2.68**	**2.69**	**2.70**
e	b	d	c	d	a	-	d	-	b
2.71	**2.72**	**2.73**	**2.74**	**2.75**	**2.76**				
c	a	d	a	a	b				

BIBLIOGRAFIA

DOLCE, Osvaldo; POMPEO, José Nicolau. **Fundamentos de matemática elementar**: geometria plana. v. 9. São Paulo: Atual Editora, 1993.

DOLCE, Osvaldo; POMPEO, José Nicolau. **Fundamentos da Matemática Elementar**: geometria métrica. v.10. São Paulo: Atual Editora, 1993.

OLIVEIRA, Antônio Nunes de; SIQUEIRA, Marcos Cirineu Aguiar; MAGGI, Luis. **Matemática para Universidades e Concursos**: Análise Combinatória e Probabilidade. São Paulo: LF Editorial, 2024.

Impresso na Prime Graph
em papel offset 75 g/m²
outubro / 2024